KB069809

인류 기원부터 시작된
인간과 미생물의
아슬아슬
기막힌 동거

나는 미생물과 산다

인류 기원부터 시작된
인간과 미생물의
아슬아슬 기막힌 동거

나는 미생물과 산다

김응빈 지음

을유문화사

인류 기원부터 시작된
인간과 미생물의 아슬아슬 기막힌 동거
나는 미생물과 산다 ~~~~~~

발행일
2018년 4월 30일 초판 1쇄
2022년 5월 10일 초판 8쇄

지은이 | 김응빈
펴낸이 | 정무영
펴낸곳 | (주)을유문화사

창립일 | 1945년 12월 1일
주소 | 서울시 마포구 서교동 469-48
전화 | 02-733-8153
팩스 | 02-732-9154
홈페이지 | www.eulyoo.co.kr

ISBN 978-89-324-7378-9   03400

프롤로그

어느 무더운 여름날, 뜬금없는 호기심에 주머니 속에서 500원 짜리 동전 하나를 꺼내어 멸균된 고체 배지* 위에 잠시 올려놓았습니다. 그리고는 이내 그 동전을 치우고, 그 배지를 실험대 위에 밤새껏 두었습니다. 단계별로 사진도 찍었고요. 깨끗했던 배지가 단 하루 만에 지저분해지더군요. 미생물이 이 정도(6쪽 사진 참조)로 보이면 그 수가 조 단위를 넘어섰다는 것입니다.

일반적으로 미생물은 단세포 생물입니다. 세포 하나가 개체 하나라는 뜻이죠. 대다수 미생물 세포의 크기는 1~10마이크로미터㎛ 정도입니다. 1마이크로미터는 흔히 사용하는 눈금자에 있는 1밀리미터㎜ 눈금을 1000등분한 크기입니다. 그러니까 미생물 개체가 맨눈에 보일 리 없죠. 안 보이니까 없는 것으로 여

---

* 培地, 식물이나 세균, 배양 세포 따위를 기르는 데 필요한 영양소가 들어 있는 액체나 고체.

기다가, 이렇게 '갑자기' 생기니 깜짝 놀랄 만도 합니다. '갑자기'라……

미생물들은 보통 이분법으로 증식을 합니다. 쉽게 말해서 세포가 자라서 어느 정도 크기가 되면 둘로 나누어집니다. 예를 들어, 최적 환경에서 대장균은 약 20분마다 한 번씩 세포 분열을 합니다. 함께 계산해 볼까요? 대장균 한 마리가 20분, 40분, 60분 후에는 각각 2마리, 4마리, 8마리가 됩니다. 그러고 보니 대장균의 세포 분열에 걸리는 시간이 우리로 치면 부모에서 자식으로 이어지는 한 세대에 해당하네요. 우리에게는 30년쯤 걸리는 이 기간이 대장균에게는 단 20분이라는 사실에 주목하기 바랍니다. 바로 여기에 '갑자기'의 비밀이 숨어 있으니까요. 짧은 세대에 거듭제곱의 힘이 더해져 놀라운 증식의 위력이 발휘됩니다.

방금 전에 최적 환경에서 성장하고 있는 대장균 한 마리가 한 시간 뒤에 8마리가 된다고 했습니다. 수학 용어로 말하면 2의 거듭제곱으로 늘어납니다. 세대 수가 거듭제곱의 횟수가 되고요($2^3=8$).

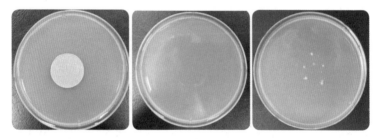

500원짜리 동전에 묻어 있던 미생물이 증식하여 세 번째 고체 배지에서 맨눈으로 보인다.

이 대장균에게 하루 24시간은 72세대이니까, 그 한 마리가 만 하루만 지나면 2^{72}마리나 됩니다. 47해가 훨씬 넘는(2^{72}=4,722,366,482,869 ,650,000,000) 개체 수인데, 가늠은커녕 표기된 숫자를 세기도 버겁습니다. 참고로 해垓는 조兆의 1억 배가 되는 숫자 단위입니다. 미생물은 거듭제곱의 법칙에 따라 기하급수적으로 늘어나기 때문에 어느 순간에 폭증합니다. 이것만 기억하면, '잠깐인데 뭐 괜찮겠지' 하는 생각으로 음식물을 상온에 보관했다가 낭패를 보는 일은 없을 겁니다.

인간을 품은 미생물

이제부터 돈은 더러운 것이니까 미생물이 많다는 오해는 접어두기 바랍니다. 우리 몸에는 훨씬 더 많은 미생물이 살고 있으니까요. 피부는 물론이고 입에서 항문으로 이어지는 소화관과 호흡기관, 생식기 등은 다양한 미생물로 넘쳐납니다. 그들의 입장에서 보면 우리 몸은 크고 좋은 서식지입니다. 우리 몸에는 인간의 세포 수보다 최소한 10배 더 많은 미생물이 살고 있습니다. 보통 성인이 약 100조 개의 세포로 구성되어 있다고 보면, 우리는 최소한 1000조에 달하는 미생물 세포를 함께 가지고 있는 셈이죠. 무게로 따지면 인체 미생물은 우리 몸무게의 최소 2퍼센트를 차지합

니다. 살이 많아 스트레스를 받는 분에게 희소식일 겁니다. 적어
도 1~2킬로그램^{kg}은 내 살이 아니라는 말이니까요. 하지만 명심
하시기 바랍니다. 이들 없이 우리 인간은 일주일도 채 버티기 어
렵다는 사실을 말이죠.

미생물은 또한 우리가 세상에 데뷔할 때, 제일 먼저 나와 환영
해 줍니다. 분만 과정에서 산모가 엄청난 산고를 치르는 동안 아기
는 산도産道를 지나며 거기에 살고 있는 미생물을 온몸으로 맞이합
니다. 따라서 제왕절개로 태어난 아기와 자연 분만된 아기는 처음
부터 다른 미생물을 접하게 됩니다. 실제로, 최근에는 제왕절개로
태어난 아기가 자연 분만으로 나온 아기에 비해 감염에 더 취약하
다는 연구 보고가 잇따르고 있습니다. 이 세상에서 처음 만난 작은
친구들이 아기의 건강에 도움을 준다는 사실을 보여 주는 증거입
니다.

아기는 세상에 나온 다음부터 자기를 보듬어 주는 사람들과 음
식 등 주변 환경을 통해 다양한 미생물을 받아들입니다. 특히 모유
는 좋은 음식뿐만 아니라 좋은 미생물까지 아이에게 전해 주죠. 대
표적으로 모유에 많이 들어 있는 비피도박테리아<i>Bifidobacteria</i>는 아
기의 면역계 형성을 돕는 것으로 밝혀졌습니다. 결론적으로 자연
분만과 모유 수유 등을 통해 만들어지는 '착한 미생물 집단'이 아기
가 건강하게 성장할 수 있는 몸바탕, 즉 '체질' 형성에 중요하다는
얘깁니다.

서로를 품은 미생물

'SAR11'이라고 총칭하는 세균 집단이 있습니다. 이 이름은 이 세균들을 처음 발견하고 분리한 바다, 사르가소해*에서 연유하죠. 1990년에 이 바닷물을 여과막으로 걸러 얻은 미생물에서 SAR11의 존재를 처음 알게 되었습니다. 그리고 10여 년에 걸친 노력 끝에 2002년 미생물학자들은 이 가운데에서 펠라지박터 유비크 *Pelagibacter ubique*를 분리하여 세상에 선보였습니다. '원양의pelagic'와 '세균bacteria'을 뜻하는 단어를 합친 속명屬名과 '어디에나 있는 ubiquitous'을 뜻하는 종명種名에서 이 세균의 특징이 그대로 드러납니다. 표층수에 살고 있고, 전체 해양 미생물의 3분의 1정도를 차지합니다.

펠라지박터 유비크는 빈영양oligotrophy, 즉 먹이(양분)가 매우 적은 환경에 잘 적응되어 있습니다. 역으로 실험실에서 흔히 사용하는 배양액처럼 먹을 게 많으면 자라지 않죠. 적게 먹어서인지 이 세균의 크기(평균 0.15×0.6마이크로미터)는 우리 장 속에 사는 대장균(평균 1.3×4.0 마이크로미터)의 10분의 1정도밖에 되지 않습니다. 독립생활을 하는 생물 중에서 가장 작다고 볼 수 있죠. 펠라지박터 유비크의 유전체 크기와 구성은 그 삶의 방식을 그대로 보여 줍니다.

---

* Sargasso Sea. 북대서양 한가운데 있는 바다의 이름. '모자반'을 뜻하는 스페인어 'sargasso'에서 유래했다.

거의 모든 생물은 비슷하거나 같은 기능을 가진 유전자를 여러 개 가지고 있습니다. 이와 다르게 이 녀석은 생존에 필요한 유전자를 딱 하나씩만 가지고 있고, 이도 촘촘하게 배열되어 있습니다. 그 결과 독립생활을 하는 생물 중에서 몸집에 이어 유전체도 제일 작습니다. 한마디로, 스스로 살아가는 데 필요한 유전 정보만을 가지고 있는 셈입니다.

펠라지박터 유비크 유전체를 분석하던 과학자들이 머리를 긁적이며 고개를 갸우뚱하는 일이 생겼습니다. 이 세균의 유전체에서 일부 아미노산의 합성에 필요한 유전자들이 보이지 않았기 때문이죠. 사실 생존에 필수적인 유전자를 잃어버리고도 별 어려움 없이 살아가는 미생물들도 어렵지 않게 찾아볼 수 있습니다. 그러나 이런 미생물은 모두 다른 생명체에 붙어서 삽니다. 기생 생활을 하는 거죠. 기생 생물은 생존에 필수적인 유전자를 가지고 있지 않아도 사는 데 별 문제가 없습니다. 숙주가 있으니까요. 실제로 숙주 의존도와 기생 생물의 유전체 크기는 반비례합니다. 숙주에 기대면 기댈수록 그만큼 자기 유전자가 필요 없어지기 때문이죠. 하지만 펠라지박터 유비크처럼 독립생활을 하는 세균의 경우에는 상황이 전혀 다릅니다. 필수 유전자가 없어지면 곧 개체의 소멸(도태)로 이어지기 때문이죠. 그럼에도 불구하고 펠라지박터 유비크는 번성하고 있어요. 도대체 어떻게 그럴 수 있을까요?

혼자가 아닌 우리

갑자기 뜬금없어 보이지만, 근 30년이 지난 저의 유학 시절에 있었던 웃지 못할 경험 하나를 얘기할까 합니다. 어느 날, 한 외국인 친구가 주말에 자기 집에서 포트럭 파티potluck party를 하는데, 오겠냐며 초대했습니다. 파티라는 말에 무조건 "좋다"고 답했지요. 솔직히 포트럭이 어떤 음식이냐고 묻고 싶었지만, 알량한 자존심에 참았습니다. 며칠 후 그날이 왔고, 저는 설레는 마음을 안고 친구 집으로 향했습니다. 머릿속으로 '삼겹살 파티' 같은 것을 떠올리면서 말이죠. 하지만 도착과 함께 저의 기대감은 당혹감으로 바뀌었습니다. 포트럭은 음식이 아니었습니다. 각자 자신 있는 요리를 하나씩 해 와서 음식을 나누고 즐기는 게 포트럭 파티라는 사실을 뒤늦게 알게 된 것이지요.

저의 자초지종을 들은 친구들이 웃음거리를 먹을거리로 대신 인정해 준 덕분에 어쨌든 전 세계 음식을 한자리에서 즐기는 호사를 누렸습니다. 그날 제가 실제 부담한 것은 아무 것도 없었습니다. 다른 참석자도 단 한가지의 음식을 1인분 정도 가져왔을 뿐이고요. 모두가 즐긴 음식과 시간에 비하면, 시쳇말로 '가성비 갑甲'입니다.

펠라지박터 유비크 세균 무리의 이야기로 돌아오겠습니다. 이들 가운데 어떤 것은 유전자 A가, 또 다른 어떤 것은 각각 B, C,

D……가 없습니다. 하지만 아무 문제없습니다. 각자 가능한 물질을 넉넉히 만들어, 그중 일부를 몸(세포) 밖으로 분비하니까요. 자기의 능력을 십분 발휘하여 서로의 부족한 부분을 채워 줌으로써 혼자서는 절대 할 수 없는 일을 해내는 것이지요. SAR11 세균들이 살아가는 방식입니다. 함께 어울려 살게 되면, 필요한 모든 물질을 스스로 만들지 않아도 어렵지 않게 살아갈 수 있죠. 사실 보유한 유전자 수가 적다는 것은 생존과 번식에 큰 이점이 됩니다. 번식을 위해 세포 분열을 할 때마다 유전자를 복제해야 하는데, 그 수가 적으면 그만큼 수고(물질과 에너지)를 덜 수 있기 때문입니다. 나눔을 통한 아름다운 공생의 모습입니다.

인간과 미생물의 행복한 동거를 꿈꾸며

미생물학은 미생물과의 전쟁을 통해서 발전해 온 학문입니다. 그리고 이 전쟁은 지금도 진행 중이고요. 인류가 존재하는 한 앞으로도 계속될 겁니다. 그러니 대부분의 사람들이 미생물을 전염병과 연관시켜 우리의 생명을 호시탐탐 노리는 살인마로 생각하는 것은 어쩌면 당연하다는 생각이 듭니다. 하지만 극소수 병원성 미생물의 해악이 너무 부각되어 인간에게 도움을 주는 대다수의 미생물도 함께 매도되는 것은 바람직하지 않습니다. 몇 종류의 병원성 미생물 때문에 '균(菌)'자가 붙은 모든 미생물을 병원체로 오해하는 일은 없어야겠습니다. 인간 세상에 선한 사람만 있는 것이 아니듯, 미생물의 세계에도 못된 것(병원성 미생물)들이 있는 거니까요.

심해의 화산 분화구에서 동물의 소화관에 이르기까지 미생물은 지구에 존재하는 생물 중 가장 널리 퍼져 있습니다. 미생물의 다양성은 지구상 다른 모든 생물의 다양성을 합친 것보다도 많죠. 하지만 이 많은 미생물 가운데 현재의 기술로 배양할 수 있는 것은 약 1퍼센트에 불과합니다. 자연계에는 아직 우리가 접하지 못한 무수한 미지의 미생물들이 있다는 얘기죠.

우리는 그 수많은 미생물을 눈으로 볼 수도, 몸으로 느낄 수도 없습니다. 하지만 미생물은 우리가 태어나면서부터 (어쩌면 그 이전부터) 무엇을 하든 어디를 가든 늘 우리와 함께 합니다. 이 책은 아주 작지만 인간에게 꼭 필요한 존재, 바로 미생물에 대한 오해를 푸는 것부터 시작합니다. 1부에서는 대장균, 레지오넬라균 등 인간으로부터 오해를 받고 있는 대표적인 미생물들이 등장하여, 인간에게 그간의 서운함을 토로합니다. 2부에서는 여러 미생물의 사례를 들어 미생물의 종류와 역사, 인간과 미생물의 관계 등을 살펴봅니다. 3부에서는 300년 남짓 동안 인류가 미생물에 대해 알게 된 지식과 그에 얽힌 미생물학자들의 이야기 등을 다룹니다. 마지막으로 4부에서는 미생물의 놀라운 다양성과 능력 덕분에 인간이 얼마나 많은 혜택을 누려 왔는지 말하고자 합니다.

우리는 싫든 좋든 미생물의 세계 안에서 살아갑니다. 우리가 무엇인가를 하면 그에 따라 미생물도 변화하고, 그러면 다시 우리가 변화하게 되죠. 여기서 분명한 사실은 우리 몸의 대부분을 차지하고 있는 미생물이 지구상에서 사라진다면 인간의 삶도 끝이라는 것입니다. 따라서 미생물은 우리가 도저히 함께 할 수 없는 적이 아니라 꼭 함께 해야만 하는 동반자입니다. 이 책이 그러한 사실을 알리는 데 작은 보탬이 되었으면 합니다.

2018년 봄
김응빈

차례

2부 미생물의 이야기를 듣다

3부 인간의 미생물 탐험은 끝이 없다

4부 미생물 없이는 못 살아

1부

미생물이 뿔났다

미생물 명예 회복 대책 회의 _ 1차

대장균의 개회사

자, 다들 주목해 주기 바란다. 오늘 모임의 사회와 첫 연설을 맡은 **대장균***이다. 나는 인간이 지구상에 처음 나타났을 때부터 그들의 창자에서 지내온 터라 인간들과는 아주 각별한 사이다. 솔직히 말해서, 인간의 장은 '즐거운 나의 집'이다. 우리가 우리 터전을 가꾸고 보살피는 것은 당연한 일이 아니겠는가? 다시 말해서 인간의 건강은 우리의 간절한 바람이기도 하다. 우리 집인 인간의 대장은 소장을 거치고 남은 음식물 찌꺼기에서 수분과 비타민 등을 흡수하고, 큰일을 보기 전까지 대변을 보관한다. 그런데 여기서 비타민의 대부분은 음식에서 섭취한 것이 아니다. 그럼 비타민은 어디서 왔을까?

- **학명** | *Escherichia coli*
- **발견** | 1885년
- **서식지** | 사람을 비롯한 포유류의 장관
- **크기** | 2~4×4~0.7μm
- **특징** | 대장균 K_{12} 균주를 비롯하여 건강한 사람의 장 속에 상주하는 대장균은 병원성이 없는 것으로 여겨진다. 병원성을 나타내는 대장균은 크게 네 부류로 나눈다. ① 유아설사증의 원인이 되는 병원성 대장균 ② 장관상피세포 내에 침입하여 세포를 파괴하는 세포침입성 대장균 ③ 소아 및 성인의 설사증과 여행자설사증의 원인균인 독소원성 대장균 ④ 독소를 생산하고 출혈성 대장염을 일으키는 장관출혈성 대장균이다.

　우리 대장균은 대표적으로 비타민 K와 B_7 등을 생산한다. 혈액을 응고시키는 효소 가운데 일부는 비타민 K가 있어야만 가능하니까, 우리가 없다면 사람들은 작은 상처에도 곤혹을 치를 것이다. 비오틴biotin이라고도 하는 비타민 B_7은 또 어떤가? 신진대사를 활발하게 해 주고, 혈액 순환을 좋게 하여 인간의 탈모를 막아주니 말이다. 여기서 짚고 넘어가자. 우리가 건재하는 한 인간은 이런 비타민 결핍증 걱정을 할 필요조차 없다. 이 뿐만이 아니다. 우리가 대장에 떡하니 버티고 있으면 먹은 음식과 함께 들어오는 잡균들은 끼어들 틈이 없다. 결국 우리가 제자리를 지키는 것만으로도 인체에 해가 되는 미생물이 인간 몸속으로 침입하지 못한다. 이렇게 우리는 우리에게 살 곳과 먹을 것을 제공한 인간에게 성심껏 보답하고 있다. 생태학 용어로 말하자면 우리와 인간은 '상리공생相利共生', 즉

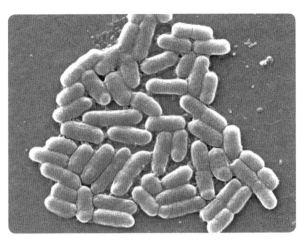

전자 현미경으로 관찰한 대장균 무리

더불어 사는 삶이 서로에게 이익이 되는 관계인 것이다.

물론 우리 친척들 중에는 인간에게 해를 끼치는 못된 '병원균'들이 더러 있다. 여기에 대해서는 미안하게 생각한다. 하지만 이들 때문에 인간의 조력자라 할 수 있는 대다수의 대장균까지 매도하는 것은 유감이다. 특히 우리의 의지와 무관하게 잘못된 장소로 옮겨져 병원균이라는 누명을 쓰는 것은 정말 억울하다. 이따금 창자에 생긴 상처나 인간(특히 여성)의 해부학적 특성상 항문과 가까운 요도로 들어가서 살게 되는 경우가 있다. 여기서 문제는 우리의 성장이 인간에게는 감염이라는 것이다. 또한 병원성이 없거나 미약한 미생물인데, 면역력이 떨어진 사람에서 감염을 일으키는 경우도 있다. 사람들은 이를 기회감염opportunistic infection이라고 부른다. 따라서 아무리 선한 미생물이라도 잘못된 시간에 잘못된 곳에 있으면 모두 병원균 신세가 되고 만다.

우리의 이름은

끝으로 우리의 '학명*'에 대해서 한마디 하겠다. 인간은 언어라는 것으로 의사소통을 하는데, 나라마다 언어가 달라서 그들도 고민이 많은 것 같다. 예컨대 생물을 연구하는 사람들이 수많은 생물을 각자 자국어로 표현한다면, 연구 이전에 서로 사전을 뒤지느라 정신없을 것이다. 다행히도 린네^{Carl von Linné, 1707~1778}라는 스웨덴의 식물학자가 1730년대에 라틴어를 사용하여 속명^{屬名}을 쓴 다음에 종명^{種名}을 붙이는 방법**을 고안했다.

인간의 학명은 '호모 사피엔스'다. 그들의 자기도취를 여실히 보여 주는 이름이 아닐 수 없다. 속명 호모^{Homo}와 종명 사피엔스 ^{sapiens}는 각각 '사람'과 '지혜로운'이라는 뜻이다. 따라서 그들은 자

---

* 學名. 학술적 편의를 위하여 생물에 붙이는 이름.
** 생물을 분류하는 단위로 '종속과목강문계'가 있다. 학명 표기는 이중에서 '속'과 '종'을 붙이는데, 이명법(binomial nomenclature, 二名法)이라고 한다. 속명의 첫 글자는 대문자이고, 뒤에 따르는 종명은 모두 소문자로 쓴다. 학명은 이탤릭체를 사용하는데, 그렇게 할 수 없는 경우에는 밑줄을 긋는다. 또 한 편의 글에서 한 번 언급된 다음에는 속명의 첫 글자와 종 이름으로 축약한다. 예를 들어 대장균의 학명은 *Escherichia coli*이고, 축약해서 *E. coli*로 쓴다.

칼 폰 린네(왼쪽)와 테오도어 에셔리히(오른쪽)

신들을 '지혜로운 인간'이라 부르며, '만물의 영장'이라는 환상 속에 살고 있다. 이런 인간이 우리에게 붙여 준 학명을 보면 어이가 없다. 1885년에 아기 똥에서 우리를 처음 분리해 낸 과학자 테오도어 에셔리히Theodor Escherich, 1857~1911의 성姓과, 우리가 살고 있는 대장의 한 부분인 '결장'의 영어 colon(콜론)에서 속명과 종명을 따와서 작명했다. 자기들을 위해서 성심성의껏 노력하는 우리에게 이런 이름을 지어 주다니, 지혜로운 인간은 그 지혜를 도대체 어디에 쓰는지 모르겠다. 그들에게 환상이 깨지는 경험, 즉 환멸을 느끼게 해 주자! (함성과 함께 우레와 같은 박수 소리가 터져 나온다.)

레지오넬라 세균의 항변

열대야가 한창 기승을 부리던 2016년 8월 어느 날, 인천에 있는 모텔에서 '레지오넬라증' 환자가 발생했다. 보건 당국은 조사에 들어갔고, 우리는 시설 내 곳곳에서 인간의 허용 범위를 넘어설 만큼 많이 발견됐다. 이로써 해당 업소는 사실상 폐쇄 조치가 내려졌는데, 이와 관련해서 대한민국은 한동안 떠들썩했다. 한국에서 **레지오넬라*** 때문에 입실이 중단된 일은 이번이 처음이라며, 폐렴을 일으키는 나쁜 세균으로만 우리를 몰아갔다. 그날을 생각하면 지금도 억울해서 울컥한다. 인간은 너무나도 자기중심적인 사고에 갇혀 본질을 제대로 보지 못하는 '헛똑똑이'라는 생각이 든다.

사실 우리의 억울한 이야기의 시작은 1976년 여름으로 거슬러 올라간다. 그해 7월 21일부터 24일까지 3박 4일 동안 미국재향군인회American Legion가 미국 건국 200주년을 기념하여 수백 명의 노

- **학명** | *Legionella pneumophila*
- **발견** | 세균 자체는 1943년에 기니피그에서 최초로 분리되었지만, 1976년 필라델피아 사건 이후 '레지오넬라'로 명명되어 새로운 폐렴 원인균으로 널리 알려졌다.
- **서식지** | 하천수, 토양, 온천수 등 자연계에 널리 분포
- **크기** | 0.3~0.9×1.0~30μm
- **특징** | 식균저항성이 있다. 노인과 호흡기 질환자, 면역력이 떨어진 사람 등에게 잘 감염한다. 레지오넬라증의 잠복기는 보통 2~10일이다.

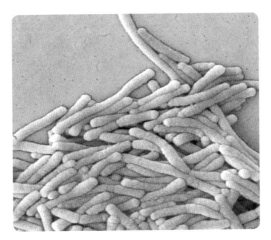

전자 현미경으로 관찰한 레지오넬라 세균

병을 초청하여 필라델피아에서 성대한 행사를 치르고 있었다. 그런데 갑자기 참전 용사들 가운데 221명이 폐렴 증세를 보였고, 안타깝게도 34명이나 돌아가셨다. 주최 측은 말할 것도 없고 미국 전체가 발칵 뒤집혔다.

보건 당국이 조사를 시작했지만 원인균을 찾아낼 수 없었다. 왜냐하면, 그 당시에 사용하던 배지로는 우리(레지오넬라)를 배양할 수 없었기 때문이다. 반년 이상을 불철주야 노력한 끝에 새로운 배지가 개발되었고, 그로써 우리를 분리해 낼 수 있었다. 그리고 우리와 우리에 의한 감염병에는 각각 '레지오넬라Legionella'와 '레지오넬라증legionellosis'이라는 이름을 붙였다. 인간이 이렇게 작명한 이유는 더 설명하지 않아도 알 것이다. 재향군인회를 뜻하는 영어 단어 'legion'을 생각해 보자.

　원래 우리가 사는 곳은 강과 호수, 지하수 같은 민물이다. 우리는 인간이라는 존재가 이 세상에 생겨나기 훨씬 전부터 그곳에서 조용히 살아왔다. 그런데 어느 날 갑자기 인간은 중앙 냉방이라는 것을 시작하더니 우리를 낯선 곳으로 강제 이주시켰다. 대장균의 지적대로 만물의 영장 행세를 하는 인간은 자연에 순응하기보다 자기들 편리대로 자연을 조작하겠다는 건방진 생각을 하고 있다.

　인간이 만든 '에어컨'이라는 기계는 실내 온도를 낮추어 시원하게 해 준다. 그런데 온도를 낮추려면 한 쪽의 열기를 다른 쪽으로 보내야만 한다. 예컨대 대형 건물의 냉방 장치는 실내에서 빼낸 열을 보통 옥상에 위치한 냉각탑의 냉각수로 전달한다. 1976년 노병들이 묵었던 호텔은 인근 강물을 끌어다 냉각수로 이용했다. 그때 거기에 살고 있던 우리 레지오넬라들은 영문도 모른 채 강물과 함께 호텔 냉각탑으로 끌려갔다. 정든 고향과 생이별을 하게 된 우리는 호텔의 대형 냉각탑 안에서 살아보겠다고 발버둥을 쳤다.

　그런데 인간들이 말하는 '새옹지마塞翁之馬'가 이런 것일까? 우연히 물방울을 타고 냉각수에서 냉방 배관으로 옮겨져 떠돌다가 노병들께서 계시는 호텔방에 무단침입(?)을 하게 됐다. 방안의 공기 중에 있던 우리는 어리둥절해 하다가 갑자기 또 어디론가 빨려 들어갔다. 정신을 차리고 보니 사방은 칠흑 같이 어두웠지만, 따뜻하고 촉촉한 느낌이 아주 좋았다. 게다가 먹을 것도 많았다. 어두운

1. 레지오넬라 세균이 건물의 물탱크에 들어가는 요인에는 여러 가지가 있다.

2. 레지오넬라 세균은 제대로 관리되지 않는 대형 물탱크에서 빠르게 성장한다.

냉각탑   샤워기   목욕탕   분수대

3. 레지오넬라 세균이 들어 있는 물이 에어로졸 형태로 유입된다.

4. 호흡을 통해 감염된다. 특히 노인과 흡연자, 면역력이 떨어진 사람들이 세균 감염에 취약하다.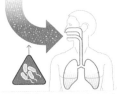

출처: www.cdc.gov/legionella

〈레지오넬라 세균의 감염 경로〉

것만 빼고는 그야말로 낙원이었다. 추운 한데에서 고생만 하다가 찜질방에 들어 온 기분이랄까. 그래서 그동안 고생한 것에 대한 보상이라 생각하고 실컷 먹고 놀았다. 한마디로 성장과 번식을 했다는 얘기다. 알고 보니, 들숨에 빨려 들어 노병의 폐 속으로 들어온 거였다. 앞서 대장균이 우리의 성장은 인간에겐 감염이라고 얘기했다. 그렇다! 잘잘못을 떠나서 곧 사달이 나고 말았다.

인간에게 생활 방식을 완전히 바꾸라고 말할 생각은 없다. 다만 사실을 직시하고 서로 피해를 주지 않도록 최소한의 원칙을 지킬 것을 제안한다. 앞서 보았듯이 우리는 자연에 있는 담수에서는 물론이고 대형 건물의 냉각수와 저수조 같은 인공 환경에서도 잘산다. 따라서 인간들은 해당 시설에 있는 물을 정기적으로 점검해서 우리가 인체로 강제 이주 당하지 않도록 철저한 조치를 취해 주기 바란다. 분명히 밝히겠다. 애당초 인간들이 선풍기 정도로 더위를 참으며 여름날을 보냈더라면, 우리와 인간 모두에게 이런 비극은 일어나지 않았을 것이다.

32
1부 미생물이 뿔났다

미생물 명예 회복 대책 회의 _ 2차

리스테리아 세균의 맞장구

나는 **리스테리아 모노사이토제니스***라고 한다. 나는 착한 미
생물은 아니다. 동물과 인간에서 병을 일으키니까. 그래서 나왔다.
인간들에게 도움이 되는 충고를 해 주려고.

나는 특별한 능력을 가지고 있다. 인간에게 감염했을 때, 나를
공격하는 백혈구에게 잡혀 먹히기는커녕 그 안에서 증식한다. 나
의 이름도 백혈구의 일종인 단핵구monocyte 안에서 자라는 특성에
서 유래했다. 나는 주로 음식물을 통해서 인간에게 감염된다. 동물
의 몸 안에 살다 보니 자연스레 그들의 배변을 통해 바깥으로 나와
흙과 물에도 널리 분포하고, 종종 축산물을 오염시키기도 한다. 게

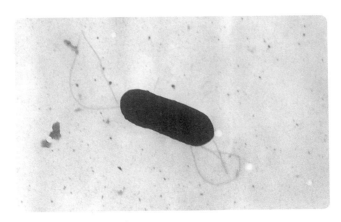

리스테리아 모노사이토제니스

다가 낮은 온도(섭씨 5~10도)에서도 잘 자라기 때문에 우리에게 냉장고는 배양기와 다름없다. 그러니 냉장 보관이 길어질수록 음식물에 우리가 더 많아진다는 사실을 명심하도록!

　인간들은 우리의 감염을 '리스테리아증'이라고 부른다. 건강한 성인에서는 그 증상이 대체로 경미하다. 하지만 면역계가 약해진 환자들에서는 수막염이나 패혈증으로 이어진다. 임신한 여성은 우리를 특히 더 조심해야 한다. 감염된 산모에게는 가벼운 감기 증상밖에 없을지라도, 태반을 통해 태아까지 전염되면 유산이나 심지어 사산이라는 끔찍한 사태까지 생길 수 있으니까. 때로는 겉으로 멀쩡해 보이는 아이가 생후 몇 주 만에 수막염으로 뇌를 심각하게 다치거나 죽을 수도 있다.

　보통 병원균이 감염을 일으키려면 동시에 일정 수 이상 있어야 한다. 그렇지 않으면, 우리가 설사 사람 몸 안으로 들어가더라도 맥을 못 춘다. 인간들이 이 사실을 제대로 이해하기 바란다. 우리처럼 자연 환경에 널리 퍼져 있는 미생물과는 조우하는 것 자체를 아예 피할 수 없다. 하지만 조금만 주의를 기울이면 원치 않는 미생물 집단이 어느 수준 이상으로 늘어나는 것을 막을 수 있다. 기본적으로 음식물만 잘 보관해도 식중독은 예방할 수 있으니까. 우선 거듭제곱으로 성장하는 우리의 위력을 알고 있는 만물의 영장이라면, 실온에 음식물을 방치하는 어리석은 일은 말아야겠다. 게다가 오늘 우리가 냉장고에서도 자라는 미생물이 있다는 사실을 알려 주었으니, 앞으로 냉장고를 너무 맹신하지 말기 바란다.

마지막으로 일상생활에서 활용하면 좋을 '꿀팁'을 알려 주겠다. 장을 볼 때에는 생활 잡화부터 집고, 그 다음에 냉장이 필요 없는 식품과 신선한 채소나 과일을 담아라. 그리고 냉장이 필요한 햄, 우유, 어묵 등 가공식품을 선택하고 마지막에 육류와 어패류 등을 순서대

- **학명** | *Listeria monocytogenes*
- **발견** | 1926년 최초 분리된 당시에는 *Bacterium monocytogenes*로 명명되었다. 이후 소독의 중요성을 알린 과학자 조셉 리스터(197쪽 참조)를 기리기는 뜻에서 오늘날 학명으로 개명했다.
- **서식지** | 토양과 동물의 배설물을 비롯한 다양한 환경
- **크기** | 0.4~0.5 × 0.5~2 μm
- **특징** | 냉장고 안에서도 잘 자라고, 백혈구 속에서도 증식한다.

로 장바구니에 담는 게 좋다. 집에 와서는 장 본 순서와 반대로 냉장고에 넣으면 된다. 속는 셈 치고 인간들의 생활 속 작은 실천을 또 한번 기대해 본다.

한탄바이러스의 쓴소리

오랜 망설임 끝에 인간에게 쓰지만 약이 되는 한마디를 하려고 이 자리에 나왔다. 나는 억울함 같은 것은 없다. 인간이 두려워하는 유행성 출혈열을 일으키는 바이러스니까. 병명에 드러나 있듯이, 인간은 우리에게 감염되면 출혈과 고열을 겪는다. 출혈은 보통 장기가 손상되면서 보이는 증상이기 때문에 치사율도 높다고 할 수 있다.

우리는 한국과 인연이 깊다. 한국 전쟁이 한창이던 1951년, 아군과 적군을 가리지 않고 수천 명의 군인이 총탄이 아닌 출혈열로 쓰러져 갔다. 당시 우리로 인한 피해가 얼마나 심각했는지 상대가 생물학전을 펼친다고 추측할 정도였다. 그러나 누구도 우리의 정체를 알아채지 못했다.

사반세기가 지난 1976년 한국의 바이러스학자 이호왕李鎬汪, 1928~ 박사가 한탄강 유역에서 잡은 들쥐에서 우리를 최초로 발견하고, **한탄바이러스***라는 이름을 붙였다. 이후 한동안 우리가 일

- **학명** | *Hantavirus**
- **발견** | 1976년 한국의 이호왕 박사가 한탄강 유역에서 잡은 들쥐에서 최초로 발견
- **서식지** | 야생 들쥐의 침이나 대소변
- **크기** | 지름이 100nm 정도의 구형, 그 안에 RNA 유전체가 들어 있다.
- **특징** | 들쥐를 비롯한 자연 숙주의 배설물 또는 이로 오염된 물과 공기, 음식물 등을 통해 감염이 일어난다. 쥐에 물려서 감염되기도 한다. 아직까지 사람 사이의 전염은 보고되지 않았다.

으키는 질병을 한국형 출혈열이라고 부르다가 유행성 출혈열로 바꿨다. 그러고 보니, 동두천 한탄강을 우리의 고향이라고 할 수도 있겠다. 어찌되었든 이호왕 박사의 연구 덕분에 인간들은 도처에서 맞닥뜨리는 우리와의 불가피한 갈등을 그나마 해결할 수 있게 되었다.

1993년 5월, 미국 뉴멕시코주의 시골 지역에서 건강한 운동선수가 갑자기 고열과 함께 호흡 곤란을 겪다가 피를 토하고 죽었다. 곧이어 그의 애인도 같은 증상으로 목숨을 잃었고, 일주일동안 이곳에서 네 명의 희생자가 더 나왔다. 이후에도 일주일에 한두 건씩 이런 환자가 발생했고, 이 가운데 절반 정도가 사망했다. 주보건 당

• 한타바이러스는 한탄바이러스(*Hantaan wirus*)를 비롯한 서울바이러스(*Seoul virus*), 푸우말라바이러스(*Puumala virus*), 신놈브레바이러스 등을 합쳐서 부르는 속(屬)의 이름이다.

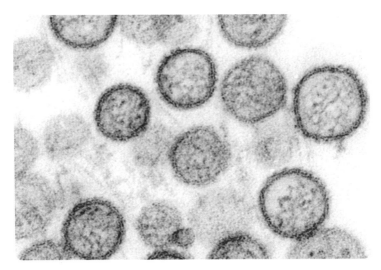

한타바이러스과에 속하는 신놈브레바이러스

유타주
utah

콜로라도주
colorado

애리조나주
arizona

뉴멕시코주
new mexico

1993년에 한타바이러스과에 속하는 신놈브레바이러스가 휩쓸었던 미국의 콜로라도주,
유타주, 애리조나주, 뉴멕시코주

국의 노력을 비웃기라도 하듯, 이 질병은 유타와 애리조나, 콜로라도 등 북서쪽으로 퍼져 나갔다.

급기야 미국 질병통제예방센터가 나섰고, 질병통제예방센터는 첫 사망자가 발생한지 약 한 달 만에 이 질병의 감염체가 한타바이러스의 일종이라는 사실을 밝혀냈다. 그리고 이것을 '포코너즈 바이러스'라고 명명했다. '포코너즈Four Corners'란 콜로라도, 유타, 애리조나, 뉴멕시코 주가 모두 맞닿아 있는 지역을 가리키는 별칭이다. 새로운 바이러스에는 그것이 처음 분리된 지역의 이름을 붙이는 것이 미생물학계의 관례다.

우리가 거의 동시 다발적으로 네 개의 주를 휩쓸었던 점을 고려하면, 합리적인 작명이었다고 생각한다. 하지만 그 지역 주민들은 우리 이름을 몹시 못마땅해 했다. 포코너즈에 속하는 주는 하나같이 수려한 풍광을 자랑하는 관광 명소인데, 그런 곳의 지명을 바이러스 이름에 붙이게 되면 관광 산업이 타격을 입을까 우려했던 것이다. 주민들은 우리의 이름에 대해 강한 이의를 제기했고, 결국 우리는 '신놈브레바이러스'라는 기묘한 이름을 갖게 되었다.

'신Sin'과 '놈브레Nombre'는 스페인어로 각각 '없는'과 '이름'이라는 뜻이다. 결국 우리 이름은 '이름 없는 바이러스'라는 얘기다. 아무리 고약한 바이러스라 해도 이건 좀 심하지 않은가? 그리고 바이러스 '이름' 따위보다 훨씬 더 '근본'적인 문제를 고민해야 하지 않을까? 이를테면, 우리 한타바이러스가 왜 갑자기 미국 서부에 나타났을까 같은 의문 말이다.

우리의 숙주는 야생 들쥐다. 1993년은 엘리뇨* 현상으로 미국 남서부에 곡물 풍년이 들었고, 풍부해진 먹이 덕분에 들쥐의 수도 늘어났다. 이것이 사건의 발단이 되었다고 생각한다. 우리는 들쥐의 침과 대소변을 통해서 세상으로 퍼져 나간다. 그러니 들쥐가 많아지면 그만큼 우리도 늘어난다. 결과적으로 사람들이 우리를 접촉할 확률이 높아진다는 얘기다. 그런데 들쥐에서는 별 문제를 일으키지 않는 우리가 인간에게는 왜 이렇게 치명적일까?

우리는 살아있는 생명체 안에서만 살아갈 수 있는 절대기생체다. 이렇게 기생체의 보금자리가 되어 주는 생명체를 '숙주'라고 한다. 들쥐는 우리에게 친숙한 숙주다. 들쥐의 죽음은 곧 우리의 죽음이다. 따라서 우리는 이들의 죽음을 바라지 않는다. 우리는 들쥐와 오랜 시간을 함께 지내면서 서로에게 큰 피해를 주지 않고 공존할 수 있도록 진화했다. 하지만 개개의 들쥐도 수명이 있기 때문에 우리는 끊임없이 밖으로 나가 새로운 들쥐로 갈아타야 한다.

이런 과정에서 의도치 않게 인간이라는 낯선 숙주를 만난 것이다. 우리가 인간에게 치명적인 이유가 바로 이 '낯섦'에 있다. 이해를 돕기 위해 비유해서 말하면, 우리 집인 줄 알고 들어갔더니 생전

---

* El Niño. 원래는 페루와 칠레 연안의 바닷물 온도가 올라가는 현상을 지칭하였는데, 지금은 장기간 지속되는 전 지구적인 이상 기온과 자연재해를 통칭한다. 성탄절 무렵에 일어났기 때문에 아기 예수와 연관시켜 엘니뇨(스페인어로 '어린 아이'라는 뜻)라고 부른다.

처음 보는 곳이었다. 당황스러워서 어찌할 바를 모르다가 빨리 나오려고 발버둥을 친 것이 그만 낯선 숙주에게 큰 피해를 주고 말았다. 인간이여! 그러니 제발, 우리 서로 마주치지 말자.

대장균의 긴급 제안

지금까지 나온 이야기만으로도 우리의 명예가 인간들의 이기적이고 자기중심적인 행태로 얼마나 훼손되었는지 명백히 밝혀졌다. 하지만 진짜 문제는 인간들이 이런 사실을 제대로 파악하고 조치를 취하려는 노력보다 모르쇠와 떠넘기기로 일관한다는 것이다. 2016년 11월 대한민국에서 발생한 조류 독감avian influenza, AI 사태가 이런 문제점을 단적으로 보여 준다고 생각한다.

첫 감염 사례가 공식 확인되고 석 달도 지나지 않아서 AI 확산 방지라는 미명美名 아래 무려 3천만 마리에 달하는 닭과 오리가 살처분되었다. 심지어 유명 동물원에서 살던 천연기념물인 원앙도 이 참담한 사태를 피해 가지 못했다. 축산 농가 피해는 말할 것도 없고, 달걀은 그 가격까지 천정부지로 치솟아 필요한 만큼 살 수도 없게 되었다. 달걀이 많이 들어가는 제품은 더 이상 생산이 어려워졌고, 식당과 가정에서는 달걀 반찬을 내놓기 어렵게 됐다. 그리고 이번에도 역시 철새가 주범으로 지목되었다.

철새가 AI 바이러스를 옮긴다는 것은 사실이다. 철새를 비롯한 많은 야생 조류는 AI 바이러스에 감염되어도 별 증상이 없다. 이들도 한탄바이러스와 들쥐의 관계처럼 아주 오래 전부터 이렇게 기생체와 숙주 사이로 지내왔다. 여기서 의문이 생긴다. 철새와 AI 바이러스는 '아주 오래 전부터' 그럭저럭 잘 지내왔는데, 왜 2000년 이후부터 갑자기 이런 사태가 계속 발생할까? 다시 말해, 한쪽이 그대로인데 상황이 급변했다면, 상대인 인간 쪽에서 무슨 변화가 생긴 게 아닐까?

우리 미생물은 인간이 닭과 오리를 키우는 방식에 주목한다. 요컨대 한국의 양계장을 보면 닭 한 마리에게 A4 용지(210×297밀리미터) 크기보다 작은 공간을 제공한다. 이는 사람이 만원버스 안에서 평생을 사는 것과 같은 상황이다. 그 작은 양계장에서 평생을 살아야 하는 닭은 얼마나 답답하고 힘들까?

이런 환경에서 자라는 닭은 스트레스를 많이 받아서 면역력도 떨어진다. 나약한 숙주들이 빽빽하게 들어차 있는 사육장이라……. 현재 성행하고 있는 공장식 밀집 사육은 기생체에겐 번식의 낙원인 셈이다. 인간이 하찮게 여기는 우리 미생물에게도 잘 보이는 이런 사실을 자기들 말대로 지혜롭다는 인간은 왜 보지 못하는지, 혹시 보고도 무시하는 건 아닌지 모르겠다.

조금 전에 한탄바이러스가 자기의 고향이 대한민국이라고 했는데, 마침 그곳에 나름 우리의 입장을 대변하겠다고 나선 미생물학자가 있다고 한다. 속는 셈치고 우리 그 사람의 의견을 한 번 들어 보기로 하자. 대한민국에는 "역사를 잊은 민족에게 미래는 없다"라는 말을 가슴으로 받아들이는 사람들이 많다고 한다. 여기서 우리 미생물은 작은 희망을 본다. 부디 인간이 자신의 생물학적 역사를 제대로 되짚어 보기 바란다. (동의하는 박수 소리가 들린다.)

2부

미생물의 이야기를 듣다

알아 두면 쓸모 있을
미생물에 대한 소소한 지식

미생물이란?

"바람이 불면 네가 떠오른다"는 어느 가수의 노랫말처럼 '감염'이라고 하면 보통 '미생물'을 떠올린다. 공기가 바람으로 그 존재를 알리듯이 미생물은 생명 활동으로 자기의 영향력을 과시한다. 문제는 우리가 미생물의 수많은 기능 가운데 유독 감염에만 관심을 갖는다는 점이다. 많은 이들이 미생물과 병원균을 동일시한다. 감염에 대한 트라우마(?) 때문인지 미생물의 순기능을 알지 못하고, 대개는 알려고도 하지 않는다. 사실은 미생물이 인간을 포함하여 지구에 사는 모든 생물의 삶을 떠받치고 있는데도 말이다. 우리가 숨 쉬는 산소의 절반을 바다에 사는 미생물인 미세 조류가 뿜어낸다는 사실을 아는 사람은 별로 없다. 쓰레기 매립지였던 난지도가 아름다운 공원으로 복원된 것처럼, 인간이 더럽힌 환경을 정화시키는 주역도 바로 미생물이라는 미담美談이자 미담微談도 모르기는 마찬가지다.

전통적으로 생물은 동물과 식물 그리고 미생물로 나눈다. 혹자는 왜 미생물만 세 글자냐고 물을 수도 있겠다. 언뜻 우문 같지만 나름 의미 있는 질문이다. 그럼 미생물에서 '생'자를 빼 보자. '동물, 식물, 미물'이 된다. 확인할 수 있는 공식 자료는 없지만, 'microorganism'을 처음 번역한 사람이 어감을 고려하여 미생물로 하지 않았을까? 어찌 불리든 미생물은 억울하게 욕먹는 존재인데, 그것이 무슨 대수일까. 이참에 미생물의 진짜 모습을 제대로 알아서 오해를 풀고 대화합(?)의 물꼬를 트는 것이 급선무겠다.

동식물과 마찬가지로 미생물도 세포로 구성되어 있다. 세포의 특성을 구분하는 가장 중요한 기준은 막으로 둘러싸인 핵이 있느냐 없느냐다. 핵은 유전물질인 DNA가 들어 있는 세포소기관* 가운데 하나다. 핵의 유무에 따라 세포는 크게 두 가지, 즉 진핵세포와 원핵세포로 나뉜다. 비유해서 말하자면, 원핵세포는 단칸방이고 진핵세포는 여러 개의 방이 있는 저택이라고 할 수 있다. 그 구조에 약간의 차이가 있을 뿐, 동물과 식물, 일부 미생물은 기본

• 세포 내에서 특정한 기능을 수행하도록 분화된 구조물이며, 막으로 싸여 있다. 대표적으로 핵, 미토콘드리아, 엽록체 등을 들 수 있다.

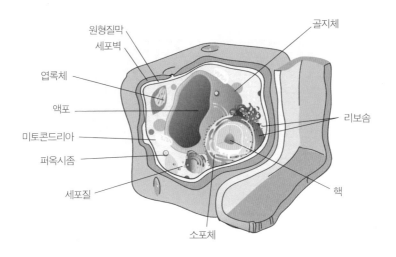

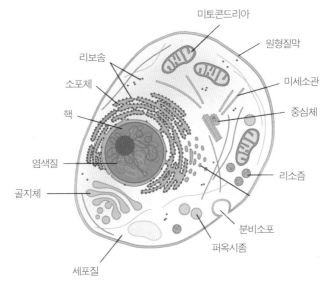

〈식물(위)과 동물(아래)의 진핵세포〉

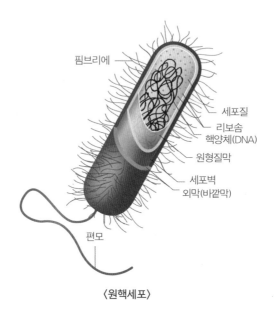

핌브리에

세포질
리보솜
핵양체(DNA)

원형질막

세포벽
외막(바깥막)

편모

〈원핵세포〉

적으로 같은 진핵세포로 되어 있다. 반면 원핵세포는 미생물에서
만 발견된다. 크기를 비교하면 진핵세포가 야구 경기장(10~100마이
크로미터)만하다면, 원핵세포는 투수 마운드(0.1~10마이크로미터) 정
도다.

미생물의 종류

간단하게 말해서 지구에 살고 있는 생물 중에서 동식물이 아니
면 모두 미생물이다. 모든 생물은 생명의 언어인 DNA정보에 근거

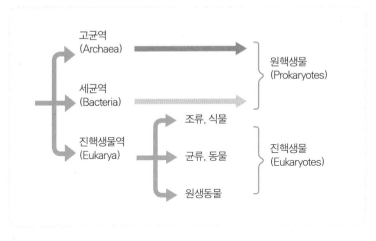

〈생물의 3역 분류 체계〉

하여 '계통수phylogenetic tree', 쉽게 말해서 족보를 그려 보면 크게
세 개의 큰 가지가 있는 나무 모양이 나온다. 뿌리는 공통 조상에
해당한다. 생물학에서는 이 가지를 '도메인domain' 또는 '역域'이라
고 부른다.

　고균과 세균, 진핵생물이 각 역의 이름이다. 고균과 세균은 모
두 미생물이다. 그리고 이들은 모두 원핵세포로 이루어진 원핵생
물이다. 세 번째 역인 진핵생물의 경우에도 식물과 동물 이외에는
모두 미생물(조류, 균류, 원생동물)이다. 따라서 미생물은 엄청나게 다
양한 생물들의 집단이다. 게다가 세포의 형태를 갖추고 있지 않아
서 때때로 생명체과 비생명체의 경계에 걸쳐 있는 것으로 간주되
는 바이러스도 편의상 비세포성 미생물로 본다고 하니, 지구는 미

생물의 세상이라고 해도 과언이 아니다.

원핵미생물: 고균과 세균

고균은 다른 생물이 살 수 없는 험악한 환경에서도 유유자적할 수 있는 능력을 지닌 미생물 집단이다. 고균의 영문명은 'Archaea' 이다. '고대의' 또는 '원시의'를 뜻하는 접두사 'archaeo-'에서 유래했다. 이들의 서식 환경이 원시 지구와 비슷하다고 생각되기 때문이다. 예를 들어 끓는 물에 가까운 온천수나 사해처럼 염분 농도가 높은 곳이 고균의 보금자리다.

흥미롭게도 방귀 성분의 30퍼센트 정도를 차지하는 메탄가스는 일부 고균만이 만들 수 있는, 그야말로 고균만의 특별한 작품이다. 결국 우리 장 속에도 많은 고균이 살고 있다는 얘기다. 지금까지 인간에게 병을 일으키는 고균은 발견되지 않았다. 한편 극한 환경에서 자랄 수 있는 고균의 특성은 생물공학적 응용 측면에서 큰 주목을 받고 있다. 예컨대 섭씨 100도에서도 안정적으로 기능을 발휘하는 고균의 효소는 산업적 응용 후보 0순위로 꼽힌다.

세균 또는 박테리아Bacteria 영역에는 엄청나게 다양한 능력을 지닌 원핵생물이 속해 있다. 능력에 비해서 이들의 모양은 단순하다. 대부분의 세균은 동그랗거나 갸름하다. 동그란 세균을 구균 또는 알균, 갸름한 세균을 간균 또는 막대균이라고도 부른다. 어중간한 경우도 있는데, 이를 구간균이라고 한다. 또 강낭콩처럼 구부러진 막대균은 비브리오, 구불구불한 모양의 세균은 나선균이나 스피로헤타라고 부른다. 세균의 크기는 보통 0.2~10마이크로미터 정도다.

작은 균菌이라는 뜻의 세균은 이름부터가 비호감이다. 국어사전에서도 균을 "동식물에 기생하여 발효나 부패, 병 따위를 일으키는 단세포의 미생물"로 정의하고 있다. 심각한 오해다. 미꾸라지 한 마리가 온 웅덩이를 흐린다는 속담처럼 일부 병원균 때문에 모든 세균이 박멸의 대상으로 매도되고 있으니 말이다. 일반인은 미

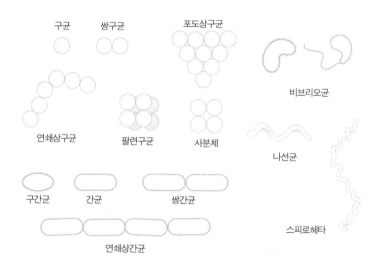

〈세균의 모양과 종류〉

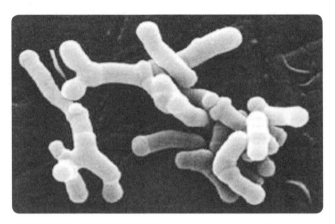
세균역에 속하는 비피도박테리움 론굼(*Bifidobacterium longum*)

생물을 질병과 연관해서 생각한다. 하지만 실제로 질병을 일으키는 미생물은 극소수에 불과하다. 대부분의 미생물은 인간을 비롯한 지구상의 모든 생물이 생명을 유지하는 데 핵심적인 역할을 하고 있다.

　　혹시 우리가 매일 엄청나게 배출하는 생활 폐기물(음식물 찌꺼기, 분뇨, 생활하수 등)에 대해서 생각해 본 적이 있는가? 환경미화원의 수고 덕분에 우리는 그 많은 쓰레기를 일상에서 매일 보지 않아도 된다. 때문에 눈에 보이지 않으니 별 신경을 쓰지 않게 되는데, 여기서 만약 세균이 활동하지 않으면 우리는 더 이상 깨끗한 물을 마실 수 없다. 그리고 머지않아 우리가 버린 쓰레기 더미에 묻혀 버리게 될 것이다. 이것은 세균에게서 받는 수많은 혜택 중에 한 가지 사례에 불과하다. 이를 6행시로 짧게 정리해 보겠다.

박: 박 씨 성을 가지고 있는

테: 테리아입니다. 생물계의

리: 리더라고 자부합니다.

아: 아니라고요?

세: 세상의

균: 균형이 우리에게 달려 있는 데도요!

지구에 있는 고균과 세균을 모두 저울 위에 올려놓으면, 자그마치 5만조 톤에 이를 것으로 추정한다. 이들의 종수에 대해서는 의견이 분분하지만, 대략 수백만 종에서 수천만 종에 이를 것이라고 한다. 하지만 2017년 공식적으로 명명된 고균과 세균은 1만 6천여 종에 불과하다. 새롭게 명명되는 고균과 세균의 수는 연평균 약 800종 정도다. 결국 현재의 기술로 모든 고균과 세균을 찾아내어 분류하려면, 앞으로도 수백 또는 수천 년이 걸린다는 얘기다.

진핵미생물: 원생동물, 조류, 진균

원생동물은 '원생原生'이라는 이름대로 가장 원시적인 단세포 동물을 총칭한다. 많은 이들에게 친숙한 아메바나 짚신벌레처럼 대부분의 원생동물은 주변 환경에서 음식물을 섭취하지만, 유글레나처럼 광합성을 하기도 한다. 반면 말라리아원충처럼 동물에 기생하며 병을 일으키는 원생동물도 있다.

진균을 좀 더 친숙한 말로 하면 곰팡이다. '곰팡이' 하면 보통 상한 음식에 핀 가는 실타래 같은 모양을 떠올릴 것이다. 실처럼 생긴 곰팡이를 모양 그대로 사상균絲狀菌이라고 부른다. 빵이나 맥주 등을 만들 때 사용하는 효모(이스트)도 또 다른 종류의 곰팡이다. 그리고 다소 놀라울 수 있겠는데, 버섯도 곰팡이다. 정리하면, 진균에는 크게 세 종류 사상균과 효모, 버섯이 있다. 더욱 놀라운 사실은 인간을 포함한 동물이 원생동물보다 곰팡이에 더 가깝다는 것이다. 동물과 곰팡이 세포는 원생동물과 구별되는 중요한 특징을 가지고 있다. 바로 생활사* 중에 한 개의 편모를 갖는 시기가 있다는 점이다. 인간의 경우에는 정자가 이런 외편모를 가지고 있다. 다른 진핵미생물은 쌍편모를 지닌다.

조류라고 하면 하늘을 나는 새를 떠올릴 수 있는데, 여기서는 해조류를 말한다. 또 해조류라고 하면 미역이나 다시마 등을 떠올려 식물이냐고 묻는 독자도 있을 줄 안다. 사실 조류는 원시 식물로 다루기도 한다. 하지만 조류는 뿌리와 줄기, 잎이 구별되지 않고 포자로 번식하며 꽃이 피지 않는다. 조류는 크게 거대 조류와 미세 조

---

* life cycle, 生活史. 생물이 수정란, 접합자, 포자 따위의 개체 발육 초기 단계에서 성체를 거쳐 자연사하기까지 연속되는 일련의 변화를 말한다.

위에서부터 순서대로 조류에 속하는 볼복스(*Volvox*)의 한 종(미세 조류), 균류에 속하는 양송이버섯(아가리쿠스 비스포루스, *Agaricus bisporus*), 원생동물에 속하는 아메바 라디오사 (*Amoeba radiosa*)

3. 알아 두면 쓸모 있을 미생물에 대한 소소한 지식

류로 나눈다. 우리에게 익숙한 해조류는 전자에 속하고, 후자는 식물성 플랑크톤이라고도 부른다. 조류는 광합성을 통해 이산화탄소를 소비하고, 지구에 필요한 산소의 절반 정도를 공급한다. 뿐만 아니라, 많은 해양 생물에게 거대 조류 군락은 산란 장소와 피신처가 되고, 미세 조류는 먹이가 된다. 따라서 조류는 수생 생태계에서 없어서는 안 될 중요한 존재다.

하지만 특정 미세 조류가 짧은 시간에 급증하면 골치 아픈 문제도 생긴다. 식물과 조류 모두 광합성을 하려면 빛, 이산화탄소, 물, 그리고 질소 및 인과 같은 영양분이 필요하다. 앞서 「프롤로그」에서 소개한 사르가소해처럼 자연 상태의 바다와 강, 호수 등은 영양분이 많지 않은 빈貧영양 상태다. 그 결과 부족한 영양분이 조류의 광합성과 성장을 제한하는 요인으로 작용한다. 이런 자연수에 주변 영양분이 유입되어 증가하는 현상을 '부富영양화'라고 한다. 부영양화는 자연적으로 나타나기도 하지만, 대부분 인간 활동의 결과다. 예컨대 폐수 처리를 제대로 하지 않으면 생활하수와 공장 폐수, 축산 폐수 등에 있는 각종 영양분이 하천으로 흘러가게 된다.

부영양화가 일어나고 일사량이 증가해 수온도 올라가면, 조류의 광합성이 활발해져 그 수도 급증하게 된다. 여기에 물결까지 잔잔해진다면 조류가 빈틈없이 빽빽하게 늘어나는, 이른바 '조류 대증식algal bloom'이 일어난다. 이때 조류의 종류에 따라 초록색 또는 붉은색으로 보이기 때문에 각각 '녹조'와 '적조'라고 부른다. 급증한 조류가 광합성을 하는 동안에는 일시적으로 산소가 증가한다. 하지만 엄청난 양의 미세 조류는 결국 죽어서 물속 세균의 먹잇감이 된다. 이 역시 먹고 먹히는 자연스러운 삶의 순환 과정이지만, 문제는 조류를 분해하는 과정에서 세균들이 물속의 산소를 소비한다는 점이다. 그리고 이 때문에 산소가 고갈되어 물고기들이 폐사하게 된다. 더구나 일부 미세 조류는 독소를 생산하기 때문에 이를 잡아먹은 어패류를 인간이 먹는다면 생명까지 위태로울 수 있다.

사족 같지만, 평소 가져왔던 의문점에 답하는 형식으로 이 장을 마무리하고 싶다. 낙동강을 제외하고 우리나라의 큰 강은 모두 서해와 만난다. 이는 서해로 오염 물질(영양분)이 더 많이 유입되고, 그만큼 부영양화가 될 가능성이 높다는 얘기다. 그럼에도 불구하고 우리나라의 적조는 서해보다 남해에서 더 자주 발생한다. 왜 그럴까? 중요한 해답 하나는 갯벌에 있다. 세계 5대 갯벌 중 하나로 꼽히는 우리나라의 서해 갯벌은 다양한 생물들의 서식지이기도 하다. 여기서 갯벌 생태계의 생동감 넘치는 근간은 바로 미생물이 이루고 있다. 갯벌 1제곱킬로미터km^2에 들어 있는 미생물이 하루에 분해하는(먹어 치우는) 유기물 양은 웬만한 도시 하수처리장에서 처리하는 양과 맞먹는다고 한다. 이처럼 갯벌의 탁월한 정화 능력이 서해를 적조로부터 지킨다고 볼 수 있다. 숲이

'지구의 허파'라면, 갯벌은 '지구의 콩팥'이다. 그리고 콩팥의 정화 기능은 미생물이 담당한다. 어디 이뿐인가? 갯벌에서 왕성하게 자라는 미생물은 좀 더 큰 생물들의 먹이가 되어 생물 다양성의 보고를 떠받치고 있다. 그러니 조개와 소라, 낙지 등 우리의 밥상에 오르는 맛난 해산물은 미생물이 주는 선물이라 해도 지나친 말이 아닌 것이다.

우주 개척자

미국의 록그룹 캔사스^{Kansas}가 1977년에 〈바람 속의 먼지^{dust} in the wind〉라는 노래를 발표했다. 올드팝이지만 멜로디가 감미로워서 그런지 여전히 영화나 드라마 속에서 들려오곤 한다. 잠시 눈을 감으면 순간은 지나가 버리고, 먼지 같은 존재인 우리가 하는 모든 것들은 결국 땅에 부딪혀 사라질 것이니 집착하지 말라는 노랫말도 예사롭지 않다. 사실 과학적으로 보면 우리는 먼지 같은 존재가 아니라 그냥 먼지의 집합체다. 인간을 포함한 모든 생명체는 빅뱅의 잔해인 평범한 원소 20여 가지 남짓으로 되어 있기 때문이다.

현재 우리가 아는 범위 안에서는 지구가 생명체를 품고 있는 유일한 행성이다. 그렇기 때문에 흔히 지구와 우리는 대단히 특별한 존재라고 생각한다. 그러나 우주의 차원에서 보면 태양과 태양계, 그리고 그 안에서 생명을 품은 지구가 그렇게 대단한 것은 아니다. 생물이 살아가는 데 필요한 것은 적당한 물질과 알맞은 환경이 전부이기 때문이다. 이런 여건을 갖춘 곳을 보통 '골디락스 Goldilocks 지대'라고 부르는데, 이 지대는 너무 덥지도 춥지도 않다. 지구가 마침 여기에 들어와 있고, 알려진 행성 중에는 유일하게 표면에 흐르는 물이 있다. '골디락스'는 영국의 전래동화『골디락스와 곰 세 마리Goldilocks and the Three Bears』에 등장하는 소녀의 이름에서 유래했다. 동화 속에서 소녀는 곰이 끓인 세 가지 수프, 즉 뜨거운 것과 차가운 것, 적당한 것 중에서 적당한 것을 먹고 좋아한다.

지구에 산소를 처음 선물한 미생물

생명체의 탄생 조건에 대한 앞의 설명에는 동의한다. 하지만 이것만으로 지금 날고뛰고 헤엄쳐 다니는 존재들의 출현을 설명하기에는 아무래도 부족해 보인다. 요컨대 원시 지구의 대기에는 산소가 없었다. 거의 모든 생물들은 산소가 있어야 살 수 있는데 말이다. 분명히 또 다른 무언가가 있었을 것이다.

지구에서 살아온 시간만 따지면 생물의 최고 노년층은 미생물이다. 현재까지 발견된 가장 오래된 생명체 화석은 38억 년 전쯤에 존재했던 세균의 것이다. 약 46억년에 걸친 장구한 지구의 역사를 24시간으로 환산하면, 새벽 5시쯤 세균이 탄생하여 밤 9시까지는 미생물만의 세상이었다. 나머지 3시간 동안 삼엽충 → 어류 → 양서류 → 파충류 → 조류 → 포유류로 이어지는 생물 진화가 일어났는데, 특히 인간은 자정이 되기 불과 몇 초 전에 맨 마지막으로 등장했다고 볼 수 있다. 뚱딴지같은 소리로 들리겠지만, 장유유서長幼有序를 적용하면 인간에게 미생물은 까마득한 어른이다.

초기 지구의 대기에는 산소가 없었다. 산화철이 포함되어 붉게

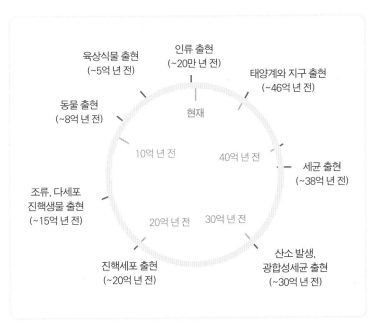

〈지구에서 생명체가 출현한 순서〉

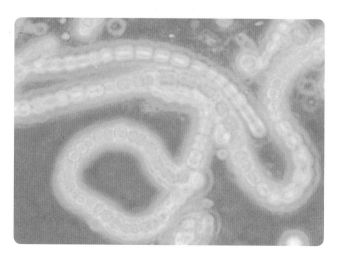

개개의 세포가 붙어서 사슬 모양으로 자라고 있는 남세균

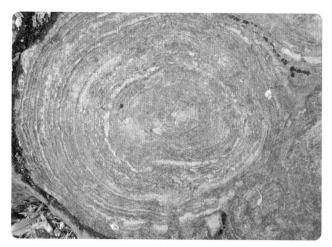

스트로마톨라이트(stromatolite)는 '바위 침대'라는 뜻으로, 남세균 표면에 있는 점성 물질에 주변 모래와 부유물 등이 들러붙어 겹겹이 쌓이면서 만들어진 퇴적 구조다. 단면에 나이테처럼 한 층씩 성장한 구조가 선명히 드러나 있다.

보이는 암석층이 처음으로 나타나기 시작한 때는 대략 27억 년 전이다. 산화철을 쉽게 말하면 녹슨 철이다. 공기 중에 산소가 꽤 있었음을 알려 주는 증거다. 애당초 없었던 산소가 어디에서 왔을까? 식물이 이산화탄소를 흡입하여 광합성에 이용하고 산소를 내보낸다는 정도는 상식일 텐데 말이다.

광합성 능력의 원조는 바로 '남세균藍細菌' 또는 '시아노박테리아cyanobacteria'라고 부르는 세균이다. 남세균은 진핵생물인 조류와 마찬가지로 광합성을 한다. 이 때문에 한때 남조류blue-green algae라 불리기도 했다. 광합성 과정에서 산소를 생성하는 남세균은 지구상 생명체의 발달에 매우 중요한 역할을 했다. 원시 지구에는 기체 상태의 산소가 거의 없었다. 하지만 식물보다 수백만 년 앞서 광합성을 시작한 남세균 덕분에 식물이 출현할 즈음에는 지구 대기 중의 산소 농도가 이미 10퍼센트를 넘어선 것으로 추정하고 있다. 남세균의 형태는 다양하다. 이분법으로 분열하는 단세포도 있고, 다중 분열법으로 군체를 형성하는 것도 있으며, 사슬 모양으로 증식하는 것도 있다.

왼쪽 그림에서 보듯이, 약 30억 년 전에 출현한 원조 광합성 세균들의 활동으로 원시 지구의 대기 산소량이 꾸준히 늘어났다. 화석 증거에 의하면, 지구 대기 중에 산소가 축적되는 시점부터 다양한 생명체들이 속속 나타나기 시작했다. 산소로 호흡을 하면 상대적으로 더 많은 양의 에너지를 얻을 수 있기 때문에, 더 크고 다양한 생물이 진화할 수 있는 기회가 늘어난 셈이다. 다시 말해서, 미생물이 없었다면 지구상의 다양한 삶은 애당초 시작되지도 못했을 것이라는 얘기다.

생명의 진화를 이끈 미생물

미생물은 먹고 먹히는 생존 과정에서 새로운 생명체의 출현을 가능케 했다. 1967년 미국의 생물학자 린 마굴리스Lynn Margulis, 1938~2011가 엽록체와 미토콘드리아는 각각 광합성 세균과 유산소 호흡 세균에서 유래했다는 혁신적인 생각을 내놓았다. 그녀에 따르면, 먼 옛날에 자유생활을 하던 이들 세균이 다른 세포에게 잡아 먹혀 내부로 들어와 독립성을 거의 잃어버리고, 자리를 잡으면서 현재 진핵세포가 탄생했다는 것이다. 발표 당시에는 냉소를 받았던 (특히 남성 과학자들로부터) 그녀의 주장은 세월이 흐르면서 이를 지지하는 증거가 많이 발견되어, 이제는 교과서에 실릴 정도로 널리 인정을 받고 있다. 엽록체와 미토콘드리아는 여러 면에서 세균과 닮은꼴이다. 크기는 물론이고 이들의 DNA도 세균의 것과 유사하다(자세한 내용은 272쪽 참조).

가장 오래된 진핵세포 화석은 약 21억 년 전에 살았던 단세포 생물의 것이다. 그리고 가장 오래된 다세포 생물 화석은 12억 년 전쯤으로 추정되는 비교적 작은 조류algae의 것이다. 유전체 DNA 분석 결과는 여기에 3억 년을 더해 약 15억 년 전에 최초의 다세포가 출현했을 가능성을 제시한다. 만약 타임머신을 타고 과거로 날아가 지구 생성부터 생물의 출현을 계속 주시해 볼 수 있다면, 적어도 15억 년 전까지는 맨눈으로 볼 수 있는 생물이라곤 없을 것이다. 최초의 생명체가 정확하게 언제 탄생했는지 모르지만, 세균을 비롯한 미생물들이 적어도 38억 년 동안 생명의 진화를 주도해 왔다는 것은 확실하다.

화성을 개척할 미생물

영화의 단골 소재인 화성은 오래전부터 생명체의 존재 가능성이 제기되어 공포와 호기심의 대상이었다. 1877년에 이탈리아의 천문학자 조반니 스키아파렐리Giovanni Schiaparelli, 1835~1910가 화성 지도를 만들면서 화성을 'canali(카날리)'라고 표기했다. 이탈리아어 'canali'는 '해협'이라는 뜻인데, 영어로 번역되는 과정에서 '인공적으로 판 물길'을 뜻하는 '운하canal'로 오역되었다. 공교롭게도 '운하'라는 오역이 화성에는 부지런한 외계인이 살고 있고, 아마도 그들의 성격은 호전적일 것이라는 상상을 불러일으켰다. 실제로 허버트 조지 웰스Herbert George Wells, 1866~1946는 이런 생각으로 소설 『우주 전쟁*The War of the Worlds*』을 썼다고 한다. 하지만 화성의 본 모습을 알게 되면서 화성은 제2의 지구라고 불릴 만큼 친숙한 행성이 되었다.

현재 과학자들은 화성을 지구처럼 생명체가 사는 삶의 터전으로 만들려는 시도를 하고 있다. 화성을 택한 이유는 상대적으로 가까운 거리와 물의 존재 때문이다. 물론 상상을 뛰어넘는 화성의 추위(연평균 섭씨 영하 80도) 탓에 꽁꽁 얼어 있지만, 이 얼음이 녹으면 충분한 물을 얻을 수 있다고 한다. 그래서 우선 산소를 만들어 화성의 대기 조성을 바꾸고, 식물이 자랄 수 있게 흙의 조성도 바꿀 계획을 세우고 있다. 한마디로 지구화 작업이다.

화성 개척의 선봉장은 지구에서 가장 오래된 남세균 무리다. '크루코키디옵시스*Chroococchidiopsis*'는 남극의 드라이 밸리*Dry Valleys*를 비롯하여 춥고 건조한 지역에 가장 많은 세균이다. 서울의 거의 5배 크기(약 3000제곱킬로미터)인 드라이 밸리에는 적어도 지난 200만 년 동안 비가 오지 않았다. 게다가 기온은 영하 80도에서 영상 15도를 오르내린다. 그나마 겨울에 조금 내리는 눈마저도 센 바람에 흩어져 날아가 버린다. 화성의 기후와 상당히 비슷하다. 그렇기 때문에 크루코키디옵시스가 더욱 주목을 받는다.

화성의 흙에는 유기물이 전혀 없다. 만약 크루코키디옵시스가 화성에서 광합성을 하며 살 수 있다면, 화성의 대기는 물론이고 토양도 바꾸어 놓을 것이다. 이들의 조상이 원시 지구에서 그랬던 것처럼 말이다. 게다가 크루코키디옵시스는 주로 암석에 있는 작은 틈 속에서 산다. 화성의 혹독한 환경에서 생존하는 데에 큰 도움이 되는 특성이다. 이런 시나리오가 현실이 된다면, 그 다음은 식물을 키울 수 있고 마침내 미래 인류가 화성에 정착할 날이 올 수 있다. 그런 날이 오면 추운 사막 행성인 화성은 인간이 방문하는 최초의 행성이 될 것이다. 그리고 그 허가권은 화성인이 아니라 미생물이 쥐고 있다.

인간과 미생물의 살벌한 동거

　'만물의 영장'에서 영장靈長은 '영묘한 힘을 가진 우두머리'라는 뜻으로, 보통 사람을 가리키는 말로 쓰인다. 생물학에서는 이 단어가 좀 더 포괄적으로 사용되어, 유인원(침팬지와 고릴라, 오랑우탄 등)과 원숭이를 하나로 묶어 영장류라고 부른다. 생물학자들은 화석 기록과 유전체 분석 결과에 근거하여, 약 6500만 년 전 나무 위에서 살던 작은 포유류에서 영장류가 유래했다고 추정한다.

　인간 계통은 1500만 년 전쯤에 오랑우탄과 서로 다른 진화의 길로 들어섰고, 적어도 500만 년 전 어디에선가 침팬지와의 공통 조상에서 갈라졌을 것으로 추측하고 있다. 현생 인류, 즉 호모 사피엔스의 직계 조상은 20만 년 전쯤 아프리카에서 출현한 것으로 보고 있다. 이들 가운데 일부가 대략 5~10만 년 전에 아프리카를 벗

어나 전 지구로 퍼져 나가기 시작했다. 이동 과정에서 이들은, 지금
은 모두 멸종하고 없지만 당시에는 이들보다 훨씬 앞서 여러 지역
에 흩어져 살던, 다른 호모 종들을 만났을 것이다.

살았던 지역과 시기로 볼 때, 호모 사피엔스는 유럽과 서아시
아 등지에서 3만 년 전까지 생존했던 네안데르탈인과 상당 기간
공존했을 가능성이 매우 크다. 실제로 네안데르탈인 뼛조각 화석
에서 추출한 미량의 DNA를 증폭하여 얻은 유전자 정보를 인간의
유전체 정보와 비교한 결과, 오늘날 비아프리카인의 유전체 가운
데 1~4퍼센트가 네안데르탈인의 유전체에서 온 것으로 판명되었
다. 이는 현생 인류가 아프리카에서 나온 다음 동양인과 서양인으
로 갈라지기 전에, 네안데르탈인과 통정했음을 보여 주는 강력한

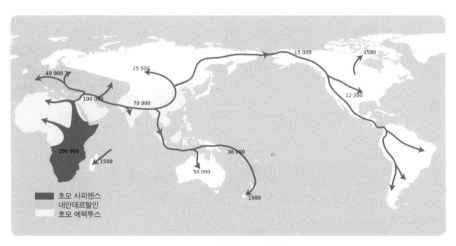

〈호모 사피엔스의 확산〉

증거로 해석된다. 결국 1만여 년 전까지 지속된 인류의 기나긴 아프리카 탈출 여정이 인간의 계보 형성에 큰 영향을 미친 셈이다.

인류의 유전적 차이와 미생물의 관계

오늘날 지역과 민족에 따라 나타나는 인류의 유전적 차이는 탈아프리카 여정에서 벌어진 고인류와 네안데르탈인 사이의 무분별한 애정 행각 때문만이 아니다. 인류의 유전자 조성을 부지불식간에 변화시켜 온 존재들이 있었으니, 다름 아닌 병원체다. 충격적으로 들릴 수 있겠지만, 현재 알려진 감염병의 약 4분의 3정도가 사람과 동물에게 공통으로 감염을 일으키는 병원체에 의해 발생한다. 사람과 동물 사이에서 상호 전파되는 '인수공통감염병zoonosis'을 일으키는 이 미생물들은 동물, 특히 가축에서 사람으로 넘어왔다. 예컨대, 소와 돼지를 가축화했던 유라시아 민족은 일찌감치 소에서 홍역과 천연두, 결핵 등의 병원체를 얻었다. 인류 역사를 보면, 이러한 인수공통병원체가 인명을 엄청나게 앗아가는 대재앙을 부르기도 했지만, 민족 또는 지역 별로 특정 감염병에 대한 상이한 면역을 획득하게 만들기도 했다. 다시 말해서, 유전적 다양성을 증가시켰다는 얘기다.

인류 초기부터 시작된 말라리아의 짝사랑

　가장 오래된 인수공통감염병인 말라리아는 '나쁜'을 뜻하는 'mal'과 '공기'를 의미하는 'aria'의 복합어로, 옛날 사람들은 말라리아가 나쁜 공기에 의해 발병하는 것으로 생각했다. 말라리아는 오한과 발열이 특징이며 종종 구토와 심한 두통을 동반하는데, 보통 이런 증상이 2~4일 간격으로 나타난다. 말라리아를 일으키는 열원충(말라리아원충)은 원생동물에 속한다. 이 미생물은 모기에 의해 인간에게 전파되는데, 크게 네 가지 종류가 있다. 가장 널리 분

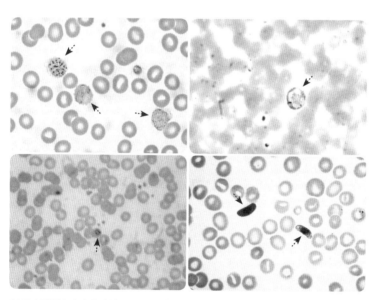

위에서 왼쪽부터 시계 방향으로 삼일열원충, 난형열원충, 열대열원충, 사일열원충에 각각 감염된 적혈구(화살표)

포하는 삼일열원충*Plasmodium vivax*에 감염된 환자는 치료 없이도 살 수 있다. 삼일열원충은 환자의 간에 몇 달, 심지어 몇 년 동안 잠복해 있을 수 있다. 덕분에 추워서 연중 내내 모기가 살 수 없는 온대 지역에서도 감염을 유발한다. 난형열원충*Plasmodium ovale*과 사일열원충*Plasmodium malariae*에 의해 감염되면 상대적으로 말라리아 증상이 약하고 발생 빈도도 낮다. 가장 위험한 상대는 열대열원충*Plasmodium falciparum*이다.

말라리아 병원체는 인류가 아프리카 안에서 활동하던 시절 마주친 유인원류에서 유래했다고 추정한다. 그리고 탈아프리카를 감행한 인간 숙주와 함께 말라리아 병원체도 퍼져 나갔다. 인류가 정착 생활을 하기 전에 유행했던 말라리아는 주로 잠복기가 길고 치사율이 낮았다. 간혹 짧은 잠복기와 높은 치사율을 보이는 돌연변이체도 있었지만, 이렇게 숙주를 급사시켜 버리는 병원체는 곧 사그라질 수밖에 없었다. 미처 다른 숙주로 옮겨가기 전에 기존 숙주와 함께 사라져 버리기 때문이다. 따라서 소규모로 무리를 지어 이동 생활을 하던 고인류를 상대로는 고병원성 말라리아가 위세를 떨치지 못했다.

신석기로 접어들면서 인류는 정착하여 농경과 목축을 시작했다. 이전 시대보다 안정적으로 식량을 얻게 되면서 정주 인구가 늘어났다. 말라리아 병원체 입장에서는 감염할 수 있는 숙주가 늘어난 것이니 그야말로 물고기가 물 만난 격이었다. 특히 그동안 떠돌

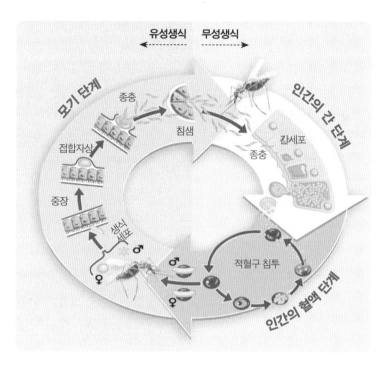

유성생식 무성생식

모기 단계
종충
침샘
접합자상
중장
생식세포
♂
♀

인간의 간 단계
간세포
종충

적혈구 침투
♂
♀
인간의 혈액 단계

〈말라리아의 생활사〉

이 생활을 하던 인류와는 잘 맞지 않았던(짧은 잠복기와 높은 치사율 때
문) 말라리아 병원체에게는 더욱 그러했다. 한 곳에서 많은 사람과
부대끼며 살아가는 인간의 새로운 삶의 형태는 공격적인 말라리아
병원체가 번성하기에 아주 좋은 기반이 되었다. 이런 맥락에서 인
간이 열대열원충에 본격적으로 노출되기 시작한 것은 상대적으로
최근, 즉 신석기부터라고 추정한다. 그리고 인간과 이 미생물이 서
로에게 적응할 수 있는 시간이 충분하지 않았던 것이 열대열원충

의 맹독성에 대한 한 가지 이유라고 생각하고 있다.

말라리아의 가슴 아픈 세계화 사연

앞서 언급한 대로 말라리아는 인류 초기부터 우리를 늘 따라다녔다. 다만 북쪽으로 올라가 베링 해협을 건너간 인류는 말라리아를 떨쳐버릴 수 있었다. 몹시 추운 날씨 탓에 말라리아를 전염시키는 모기가 없었기 때문이다. 이렇게 예외적인 경우 말고는 말라리아는 자연스레 인간과 모기가 있는 곳이라면 어디에나 자리를 잡았다. 우리말에 '학을 떼다'라는 관용 표현이 있다. 괴롭거나 어려운 상황을 벗어나느라고 진땀을 빼거나, 그것에 질려 버린 경우를 뜻하는 말이다. 여기서 '학(질)'은 말라리아의 우리말이다. 뿐만 아니라 고려 시대 역사 기록에도 학질이 등장하는 것을 보면, 우리나라에서도 말라리아가 옛날(최소한 고려 시대 이전)부터 흔했던 질병이었음이 분명하다.

1492년, 콜럼버스가 이끄는 유럽 탐험대가 현재 쿠바 지역에 도착했다. 사실 콜럼버스의 가장 큰 업적은 신대륙 아메리카의 발견이 아니라 그 항해를 통한 서인도 항로의 발견이라고 할 수 있다. 왜냐하면 새로운 뱃길로 인해 아메리카 대륙이 유럽인의 활동 무대가 되었고, 대항해 시대는 전성기를 맞았기 때문이다. 이로써

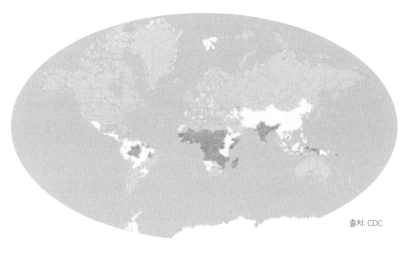

■■ 전역에 걸쳐 말라리아 발생　　일부 지역에서 말라리아 발생　■■ 말라리아 발생 보고 되지 않음

〈2017년 현재 말라리아가 발생한 나라를 표기한 지도〉

제해권을 장악한 유럽 열강은 대양을 누비며 세계 각지의 천연 자원과 특산물을 유럽으로 가져갔다. 덕분에 유럽인은 영토 확장과 함께 근대화의 길로 들어설 수 있었지만, 원주민은 대부분 착취와 속박의 질곡으로 떨어졌다.

　유럽인들이 빼앗기만 한 것은 아니었다. 그들이 알게 모르게 준 것도 있었다. 아메리카 대륙에 첫 발을 내디딘 유럽인은 그곳 원주민에게는 전혀 생소한 병원체를 가지고 왔다. 아메리카 원주민은 혹한 지역을 넘어온 조상의 후손이다. 강추위를 뚫고 이동하는 동안 많은 감염병이 사라졌다. 그리고 이들은 정착 후에도 가축을 많이 기르지 않았기 때문에 감염성 질병이 드물었다. 이처럼 상대적으로 청정 지역에 살고 있던 원주민에게 유럽 불청객에 묻어온 병원체는 저승사자와 같았다. 수많은 이들이 그야말로 추풍낙엽처럼 쓰러져 갔다. 그 결과, 유럽 열강은 식민지 영토를 확보했지만 이를 경제적으로 이용하는 데에 필요한 노동력이 절대적으로 부족해졌다.

이에 이들은 도덕적으로는 말할 것도 없고 미생물학적으로도 최악의 행위를 저지르고 말았다. 서아프리카 자연에서 살고 있던 무고한 사람들을 잡아서 아메리카 대륙으로 강제 이송시킨 것이다. 즉 노동력을 착취하는 노예 무역에 발 벗고 나섰다. 당연히 말라리아 병원체도 아프리카 노예들과 함께 아메리카 대륙으로 들어왔다. 이들의 도착을 반긴 것은 유럽인들만이 아니었다. 아메리카 대륙의 모기들도 신이 났다. 닥치는 대로 사람의 피를 빠는 모기들은 말라리아를 이 사람 저 사람에게 옮기며 말라리아 병원체에게 날개를 달아 주었다. 그리고 그곳에는 고된 노동에 시달리며 제대로 먹지도 못하고 열악한 환경에서 집단 생활을 하는 노예들이 있었다. 말라리아가 퍼져 나가기에 최적의 환경이 만들어진 것이다. 결국 말라리아를 비롯한 각종 감염병의 세계화는 탐욕으로 눈이 먼 인간의 작품이라고 해도 과언이 아니다.

말라리아가 선택한 유전자

말라리아의 창궐은 이에 대한 저항성을 지닌 인간의 등장으로 이어졌다. 말라리아 저항성이 생기는 원리를 이해하려면 인간 유전에 대한 지식이 조금 필요하다. 우리는 부모에게서 각각 한 개씩의 유전자를 물려받는다. 이는 해당 특징을 결정하는 데에 두 개의 유전자가 관여함을 의미한다. 그런데 두 개의 유전자가 짝을 이루었을 때, 어느 하나가 상대 유전자의 특징을 가리고 자기 것만을 드러내는 경우가 있다. 이처럼 그 특징이 나타나고 가려짐에 따라 각각 '우성'과 '열성' 유전자라고 부른다. 여기서 말하는 우성과 열성이 우월과 열등, 즉 좋고 나쁨을 뜻하는 것은 절대 아니다. 예컨대, 쌍꺼풀과 보조개는 대부분 사람들이 원하는 우성이지만, 대머리는 분명 원치 않는 우성일 것이다.

보통 유전병은 열성 유전자 때문에 일어난다. 천만 다행이다. 설령 유전병 유전자가 하나 있더라도 정상 유전자가 있으면 별 문제가 없으니 말이다. 실제로 열성 유전자로 인한 질병은 드물게 나타난다. 예컨대 낫형 적혈구증이라는 열성 유전병은 전 세계적으로 인구 10만 명당 8명 꼴로 발생한다. 그런데 미국에서는 약 500명당 1명, 아프리카에서는 약 100명당 1명 꼴로 낫형(겸상) 적혈구증이 나타난다. 바꾸어 말하면, 이들 지역, 특히 아프리카에 사는 사람들에게 이 열성 유전병 유전자가 압도적으로 많다는 얘기다. 도대체

5. 인간과 미생물의 살벌한 동거

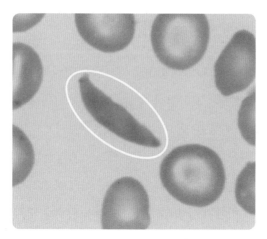

현미경으로 본 정상 적혈구와 낫형 적혈구(동그라미 부분)

왜 그럴까? 말라리아가 그 답을 쥐고 있다.

이름 그대로 낫형 적혈구증 환자의 적혈구는 낫 모양으로 구부러져 있고(정상 적혈구는 원반 모양임), 제 기능을 하지 못한다. 환자는 치료하지 않으면 악성 빈혈에 시달리다 젊은 나이에 생을 마감한다. 그리고 문제의 열성 유전자도 그 주인과 함께 소멸된다. 여기까지는 다른 열성 유전병 유전자와 다를 바가 없다. 하지만 정상 유전자와 이 질병 유전자를 각각 하나씩 가지고 있는 사람은 경우에 따라 큰 이득을 볼 수 있다. 이런 유전자 조합이 말라리아 병원체에 대한 저항력을 제공하기 때문이다.

2015년 세계보건기구WHO 집계에 따르면, 말라리아는 아프리카에서 압도적으로 많이 발생했고(약 88퍼센트), 그 뒤를 이어 동남

2부 미생물의 이야기를 듣다

지역	말라리아 추정 발병 건수				
	2000년(명)	2005년(명)	2010년(명)	2015년(명)	2015년(%)
아프리카	214,000	217,000	209,000	188,000	87.82
아메리카	2,500	1,800	1,100	660	0.30
동지중해	9,100	8,800	4,000	3,9000	1.82
유럽	35	5.6	0.2	0	0
동남아시아	33,000	34,000	28,000	20,000	9.34
서태평양	3,700	2,300	2,800	20,000	0.1
세계	262,000	264,000	243,000	214,000	

* 천단위 절사 / 출처: WHO estimates

〈WHO의 대륙별 말라리아 추정 발병 건수(2000~2015)〉

아에서 약 10퍼센트, 기타 지역에서 나머지 2퍼센트가 발생했다. 인류가 말라리아에 처음 감염되었을 때부터 지금까지 아프리카에서는 말라리아가 만연해 있었던 것이다. 그런데 이런 지역에서는 어떤 유전자 조합을 가진 사람들이 상대적으로 생존과 번식에 유리했을까? 열성 질병 유전자만 지닌 사람은 낫형 적혈구증으로 요절할 것이고, 정상 유전자만을 가진 사람은 말라리아에 취약하다. 반면 각 유전자를 하나씩 가진 사람은 약간의 빈혈 증상은 있지만* 말라리아 걱정 없이 자식을 낳고 살 수 있다. 이런 상황이 오랫동안

• 낫형 적혈구증 유전자는 불완전 열성이기 때문에 정상 유전자가 있어도 이 열성 유전자의 특징이 일부 나타난다. 하지만 고지대처럼 산소가 부족한 경우나 격렬한 운동으로 산소가 많이 필요한 경우가 아니면 큰 지장 없이 정상 생활이 가능하다.

5. 인간과 미생물의 살벌한 동거

지속된 결과, 오늘날 아프리카에 사는 사람들은 낫형 유전자를 많이 보유하게 되었다.

붉은 여왕의 권세

　모든 생물은 생존과 번식을 위해 치열하게 경쟁한다. 한곳에서 함께 사는 같은 생물 종 무리의 구성원들도 모두 조금씩 다르고, 또 어떤 구성원은 상대적으로 살아가기에 더 유리하다. 결과적으로 각 세대마다 주어진 환경에서 최적 개체가 살아남아서 상대적으로 더 많은 자손을 남기게 된다. 그러면 그 다음 세대에는 이들의 자손이 더 많아진다. 이들은 주변 환경, 즉 자연에 의해 선택을 받은 것이다.
　선택 받은 세대는 앞선 세대와 분명히 다르다. 해당 환경에 적합하지 않은 구성원(개체)들이 사라졌으니까 말이다. 그런데 자연(환경)은 끊임없이 변하기 때문에 한때 번성했던 생물들이 힘들어질 수도 있다. 자연은 그저 그 순간에 최적인 개체를 선택하여 개체군을 변화시킨다. 결국 세대를 거치면서 모든 생물 종의 특징은 조금씩 계속 변해 간다. 정리해 보면, 모든 생물 종들은 생존을 위해서 생물과 무생물 요소를 지각하고 반응하면서 끊임없이 여러 생물들과 상호작용을 해왔고, 이를 성공적으로 수행한 생물 종들만이 자손 번식에 유리한 고지를 점하여 왔다는 얘기다.

미생물, 특히 병원체는 고인류의 생존과 번식에 지대한 영향력을 행사했다. 감염병은 숙주와 병원체(기생체)가 상호작용한 결과 중에 하나다. 병원체는 생존과 번식을 위해 숙주에 침입하고, 숙주는 이를 막기 위해 애를 쓴다. 사실 이와 같은 병원체와 숙주의 끝없는 투쟁이 생물 진화의 중요한 원동력이 되었다. 1973년 미국의 진화생물학자 밴 베일런Leigh Van Valen, 1935~2010은 이런 상호 경쟁을 '붉은 여왕 가설The Red Queen hypothesis'로 설명했다. 이 학자는 『거울 나라의 앨리스Through the Looking-Glass and what Alice Found There』에서 주인공 앨리스가 붉은 여왕과 함께 나무 아래에서 계속 달리는 장면을 보고 이런 이름을 생각했다고 하는데, 대충 이런 이야기다.

5. 인간과 미생물의 살벌한 동거

토끼 굴로 빠져들어 이상한 나라를 경험한 앨리스가 이번에는 방에 있는 거울 속으로 들어가 거울 나라 여행길에 오른다. 거울에 비친 모습은 좌우가 바뀌듯이 거울나라에서는 모든 것이 우리가 사는 세상과 반대다. 주변 환경마저도 고정되어 있지 않고, 우리가 향하는 쪽으로 움직이기 때문에 가만히 서 있으면 뒤처질 수밖에 없다. 제자리에 머물기라도 하려면 뛰어야만 한다. 거울나라를 지배하는 붉은 여왕이 숨을 가쁘게 쉬는 앨리스에게 말한다.

"지금처럼 계속 달려야 제자리에 있을 수 있어. 어디론가 가고 싶다면 더 빨리 뛰어야 한다고!"

경쟁 상대의 끊임없는 변화(진화)에 맞서 계속해서 변하지 못하는 생명체는 결국 도태된다는 것이 '붉은 여왕 가설'의 요지다. 병원체와 인간은 붉은 여왕의 말대로 서로가 서로의 변화를 이끌면서 오늘날까지 함께 해 왔다. 결론적으로, 현재 지역과 민족에 따른 인류의 유전적 차이, 즉 생물학적 계보는 고인류의 다소 무분별한 애정 행각과 여러 병원체와의 경쟁 과정을 통해서 만들어졌다고 할 수 있다.

인간과 미생물의 아름다운 공존을 위하여

주변에서 알레르기성 질환으로 고통 받는 사람들이 부쩍 많아졌다고 생각했는데, 실제로 알레르기성 비염과 아토피 피부염, 꽃가루 알레르기 등으로 병원을 찾는 사람이 계속 늘고 있다고 한다. 2013년 건강보험심사평가원 자료에 따르면, 전체 병원을 찾는 사람 중 절반이 10세 미만의 아이들이라고 하니 보통 문제는 아닌 것 같다. 그런데 이처럼 알레르기성 질환이 급격하게 늘어나게 된 근본 원인 가운데 하나가 인간과 미생물 사이의 갑작스런 관계 변화라고 한다.

알레르기란 아무런 해를 끼치지 않는데도 외부의 것이라는 이유만으로, 이에 대항하여 우리 몸이 잘못된 반응을 일으키는 것이다. 좀 더 생물학적으로 말해서, 우리는 체내로 들어오는 외부 이물질로부터 보호해 주는 기관과 세포를 가지고 있다. 이를 통틀어 면역계라고 한다. 면역세포에서 만들어지는 '항체'라는 단백질이 병원체를 비롯한 외래 물질 '항원'을 인식하고 결합해서 이를 제거한다. 최근 100여 년 사이에 현대인의 위생 상태가 과거와는 비교도할 수 없는 정도로 좋아졌고, 그 덕분에 인체로 유입되는 미생물의 수가 급감했다. 그리고 이것은 곧 면역계의 업무 감소로 이어졌다. 다시 말해서, 20만 년 동안 여러 외래 미생물을 응대하느라 바빴던 면역계가 갑자기 한가해진 것이다. 여기서 문제가 생겼다. 간혹 면역계가 해롭지도 않은 물질과 쓸데없이 싸우기 때문이다.

앞서 얘기한대로 현생 인류의 생물학적 역사를 대략 20만 년으로 보면, 인류는 99퍼센트 이상의 시간을 다른 동물과 마찬가지로 자연에 순응하며 살았다. 이 기간 동안 인류는 부지불식간에 무수히 많은 미생물들을 만났다. 인간 사회에서 수많은 사람을 만나다 보면 친구로 발전하는 좋은 인연도 있지만, 때로는 나에게 피해를 입히려는 악인과도 마주치게 된다. 이런 경험은 교육에 더해 타인에 대한 올바른 판단을 내리는 데에 매우 중요하다.

우리의 면역계도 이와 같은 과정을 통해 미생물에 대처하는 능력을 키워왔다. 그런데 최근 들어 의외의 문제가 생겼다! 그동안 인간은 자연에 존재하는 다양한 미생물이 자극을 주면, 그에 반응하면서 면역력을 키워 왔다. 그런데 위생 환경이 좋아지면서 점점 미생물과 접촉할 기회를 잃게 된 것이다. 결국 영유아 시절에 겪어야 할 면역 반응을 제대로 경험하지 못해 면역 체계가 안정적으로 성숙하지 못하게 되었고, 이로써 면역계는 외부 병원균과의 싸움뿐만 아니라 이물질에 대해서도 과잉 반응을 쉽게 일으키는 아마추어적인 상태가 되었다. 이것이 알레르기가 증가한 원인이라고 할 수 있는데, 1980년대 후반에 등장한 '위생가설'의 핵심 내용이기도 하다.

1980년대까지만 해도 버스나 지하철에서 자리에 앉아 있는 사람이 서 있는 사람의 짐을 받아 주는 것은 자연스러운 일이었다. 그런데 서로 믿고 배려하는 마음에서 나온 그런 선행을 지금 시도했다가는 이상한 사람으로 취급 받기 십상이다. 물론 낯선 사람의 호의를 모두 받아들일 수는 없다. 생면부지의 사람이 친절을 베풀면, 일단 그 뒤에 숨겨진 의도를 의심하는 것은 인간이 지닌 일종의 생물학적 방어 메커니즘이다. 문제는 의심과 경계의 수준이 어느 정도냐 하는 것이다. 방어 수준이 지나치게 높아도, 그렇다고 너무 낮아도 안 된다. 그리고 이것은 미생물을 대할 때도 마찬가지다.

좋든 싫든 우리는 미생물과 함께 살아가야 한다. 여기에 선택의 자유란 없다. 누군가와 더불어 살아가려면, 나 자신만 생각할 수는 없는 노릇이다. 함께 하려면 서로가 서로를 이해하고 받아들여야 한다. 미생물과 인간이 서로에게 도움이 되는 공생 관계로 발전하려면 이런 인정과 수용하는 태도야말로 꼭 필요하다.

인간과 미생물의 달콤한 동거

쾌남, 쾌청, 쾌속 등 쾌快자가 붙으면 하나같이 명랑하고 시원한 말맛이 난다. 압권은 '쾌변'이다. '대변'하면 흔히 똥이 떠올라 불결하다는 느낌을 받지만, 쾌변은 오히려 시원한 느낌을 주기 때문이다. 그래서인지 이 단어가 유산균 음료의 제품명으로도 쓰이고 있다. 아무리 그래도 먹는 음식에 '변'자가 붙으면 거부감을 느끼는 소비자도 있을 것 같다는 생각을 했다. 하지만 그것은 괜한 걱정이었다. 이 상품은 꾸준한 인기 속에 승승장구하고 있다고 한다. 몸에 좋다고 하니까 묻지도 따지지도 않고 엄청난 숫자의 살아있는 유산균을 들이키다니……. '변'과 '균'이 이렇게 환대를 받는 경우가 또 있을까?

유산균은 프로바이오틱probiotic, 즉 유익균의 대표 주자다. 사실 인류는 아주 오래 전부터 다양한 발효 음식, 예컨대 우리나라의 김치와 서양의 요구르트 등을 통해서 유익균을 섭취해 오고 있다. 1900년대 초반 러시아 출신의 과학자 메치니코프Ilya Mechnikov, 1845~1916가 유익균의 개념을 제시하기 전까지, 이들의 존재와 효능에 대해서 전혀 모르는 채 말이다. 발효유 광고 덕분에 오늘날 유명세를 얻은 그는 보통 '유산균의 아버지'라고 알려져 있다. 메치니코프는 1908년에 면역 연구로 노벨 생리의학상을 수상했다(자세한 내용은 155쪽 참조).

유산균의 데뷔

우리나라 사람들은 '메치니코프'하면 보통 유산균을 떠올린다. 발효유 제품명으로 유명해졌기 때문이다. 사워밀크sour milk (신맛 우유)를 많이 먹는 불가리아 농부들이 유럽 그 어느 지역 사람들보다 건강하게 장수하는 것을 본 메치니코프는 이렇게 말했다고 한다.

"나이를 먹을수록 우리 몸에 독이 쌓이고 그 독의 대부분이 대장에 사는 수많은 미생물에서 유래한다면, 이들 미생물을 제어할 수 있는 물질은 분명히 노화를 늦출 것이다. 그 정체는 머지않은 미래에 밝혀질 것이고, 그렇게 되면 인류의 큰 난제를 해결할 수 있는 단서를 얻을 것이다."

음식에 들어 있는 유산균이 장 속에 있는 나쁜 미생물을 대체할 수 있다고 믿었던 메치니코프는 유산균이 풍부한 발효 유제품을 많이 먹으라고 강권했다. 이 때문에 그는 '유익균 또는 프로바이오틱' 이론의 시조가 되었다.

메치니코프는 1916년에 세상을 떠났다. 그가 죽고 얼마 지나지 않아 그가 신봉했던 사워밀크에서 발견된 세균이 위의 강산에서 살아남을 수 없어서 건강에 별 도움을 주지 못한다는 주장이 힘을 얻었다. 이때부터 과학자들은 생각을 바꾸어 건강 보조제로 섭취할 수 있는 세균을 찾아 나섰다. 뿐만 아니라 막연히 오래사는 것이 아니라 삶의 질을 높여 주는 구체적인 치료 효과(예를 들어 변비 치료)도 조사하기 시작했다. 그리고 이런 기능성 세균의 공급원에 급기야 건강한 사람의 대변까지 포함되었다(자세한 내용은 98쪽 참조).

유산균(또는 젖산균)은 탄수화물을 발효시켜 젖산을 만드는 세균 무리를 통틀어 이르는 말이다. 이들이 만드는 대표적인 발효 식품으로 김치와 요구르트 등을 들 수 있다. 젖산균의 일종인 '락토바실루스 아시도필루스*Lactobacillus acidophilus*'는 사람을 비롯한 동물의 장에 사는 세균이다. 라틴어 학명을 그대로 풀어 보면, 산성을(acido-) 좋아하는(-philus) 젖에 있는(lacto-) 막대균(-bacillus)이다. 이름 그대로 이 세균은 산성 조건(pH 5.0 이하)에서

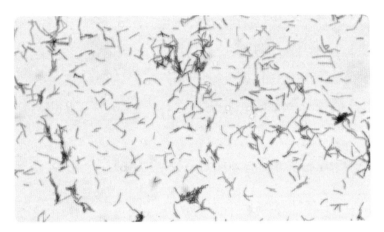

락토바실루스 아시도필루스

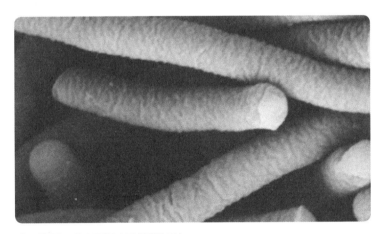

락토바실루스 아시도필루스를 확대한 모습

잘 자란다. 1900년에 갓난아기의 똥에서 처음으로 분리된 이 세균은 현재 미국식품의약국US FDA에서 그라스GRAS 등급, 즉 일반적으로 안전하다고 간주되는generally recognized as safe 물질로 분류하고 있다.

엄마에서 아이로 전해지는 유익균들

「프롤로그」에서 언급한대로, 산모는 10개월 동안 뱃속에서 품은 아기가 세상에 나오는 순간 자신의 미생물을 한껏 전달해 준다. 이건 시작에 불과하다. 엄마의 유익균은 모유를 통해 아이에게 본격적으로 전달된다. 미생물이라고 해서 젖가슴 주변에 있는 피부 미생물 정도로 생각하면 안 된다. 충격적일 수 있겠는데, 모유는 무균 상태가 아니다. 유산균을 비롯하여 다양한 세균이 들어 있는 일종의 프로바이오틱 음료라고 할 수 있다!

흥미롭게도 모유에 있는 유산균은 가슴 피부에서 발견되는 세균과는 다른 종류의 것이다. 더욱 흥미로운 사실은 유선염을 앓고 있는 산모가 건강한 모유에서 분리한 세균 무리를 먹었더니 항생제보다 뛰어난 치료 효과를 보였다는 것이다. 이게 다가 아니다. 섭취한 세균이 그 여성의 모유에서도 발견되었다.

먹은 세균이 모유에서 나오다니, 도대체 어찌된 일인가? 아무리 생각해 봐도 방법은 하나 밖에 없다. 해당 세균이 창자에서 유선 (젖샘)으로 이동하는 경로가 있어야 한다. 놀랍게도 이는 사실인 것으로 밝혀졌다. 더욱 놀라운 사실은 유익균이 면역세포의 에스코트(?) 가운데 엄마의 장에서 젖으로 이동한다는 것이다.

　새 생명이 잉태되어 자라는 자궁이 무균 상태임은 의심의 여지가 없어 보였다. 아니 의심하는 것 자체가 부질없어 보였다. 물론 감염으로 자궁과 태아에서 미생물이 발견되는 경우는 예외다. 사실 아무 문제없이 임신되는 경우에는 미생물 조사를 할 필요가 없다. 따라서 건강한 태아의 장내미생물Gut Microbiome에 대한 연구는 거의 전무한 상태였다. 다시 말하면, 태아와 자궁이 무균 상

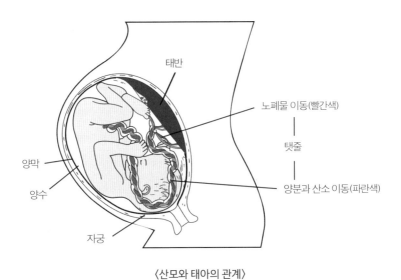

〈산모와 태아의 관계〉

태라는 것은 과학적 사실이 아니라 오래된 믿음이었다. 그런데 이제 그만 그 믿음을 내려놓아야 할 것 같다.

첨단 DNA 분석 기술을 이용한 최근 연구 결과는 전혀 다른 그림을 보여 준다. 일례로 배내똥에서 다양한 세균들의 존재가 확인되었다. 갓난아이가 먹은 것 없이 처음으로 싸는 똥에 세균이 있다는 것은 엄마 뱃속에서부터 세균을 지니고 있었음을 이야기한다. 또한 아기의 피부 세균은 분만 방법에 따라 그 조성에서 큰 차이가 나지만, 배내똥 세균의 조성은 전혀 그렇지 않다. 그렇다면 이 세균들은 도대체 어디서 온 것일까?

뱃속 아기는 양수에서 물장구치며 이를 마시기도 한다. 따라서 양수에 미생물이 존재한다면 태아의 장 속으로 들어올 수 있을 테다. 실제로 배내똥 세균의 절반 이상이 양수에도 존재한다. 결론적으로 자궁과 태아 모두 무균 상태가 아니라는 얘기다. 믿기지 않겠지만, 미생물 친구들은 우리가 세상에 나오기도 전에 이미 우리 몸 안에 들어와 자리를 잡는다. 그렇다면 양수에 있는 세균들은 또 어디서 왔단 말인가? 놀라지 마시라! 이들의 근원지가 산모의 입과 장(창자)이란다. 양수 속 세균도 모유 속 세균의 경우와 같은 방법으로 이동하는 것으로 보고 있다.

입과 장에 사는 세균이 모유와 양수로까지 건너가 살고 있다는 사실에 적잖이 놀란 마음을 추스르다 문득 이런 생각이 떠올랐다. 우리는 세상에 나오기 전에 부모에게서 유전자와 함께 다양한 미생물을 받는다. 그렇다면 날 때부터 지니고 있는 몸의 생리적 성질이나 건강상의 특질, 즉 체질은 유전자와 미생물의 합작품이라고 할 수 있겠다. 이것은 매우 중요하고 다행스러운 일이다. 왜냐하면 체질이란 것이 일단 타고난 후에는 교환 불가능한 유전자에 의해서만 결정되는 것이었다면, 체질 개선은 원천적으로 불가능할 뻔했기 때문이다. 반대로 말하면, 미생물을 통해 체질을 개선할 수 있다는 얘기다.

인간의 기분까지 챙기는 장내미생물

갓난아기의 장내미생물은 시간이 지남에 따라 점점 다양해져서 세 살배기가 되면 어른의 것과 거의 비슷해진다. 이때까지 자리 잡은 미생물 가운데 상당수는 핵심 구성원으로 평생을 함께 하면서 건강에 영향을 미친다. 최근 연구 결과에 따르면, 장내미생물은 육체적 건강뿐 아니라 기분에도 영향을 미친다고 한다. 예컨대 우리 몸에서 신경전달물질을 합성하는 데에 필요한 원료 물질의 90퍼센트 정도를 장내미생물이 생산한다. 그러므로 장내미생물이 어떻게 구성되느냐에 따라 우리의 심신 상태도 달라지게 된다.

장내미생물이 우리의 심리 상태에 미치는 영향에 대해서는 이제 막 알아가기 시작했다. 기본적으로 장내미생물은 자율신경계를 통해 뇌와 상호작용을 한다. 자율신경계는 서로 길항*적으로 작용하는 교감신경과 부교감신경으로 되어 있다. 교감신경은 우리의 몸을 위기 상황에서 대처하게 한다. 예를 들어 산길에서 멧돼지를 만났다고 가정하자. 위기 탈출 방법은 둘 중 하나다. 돌이나 몽둥이를 집어 들고 싸우든지 아니면 재빠르게 도망을 치든지. 어떤 경우든 빠른 움직임과 근력이 필요하다. 이를 위해서 심장은 더 빨리 뛰어서 근육에 좀 더 많은 혈액과 산소를 보낸다. 따라서 교감신경이 작동하면 심장 박동이 빨라지고 혈관이 수축되어 근육으로 더 많은 혈액이 공급된다. 반대로 부교감신경이 활성화되면 신체 반응이 안정적인 방향으로 진행된다.

유해균은 정신적 스트레스를 받는 것처럼 면역계와 교감신경을 자극한다. 반면 유익균은 몸의 흥분 상태를 가라앉혀 안정시키는 것 같다. 유익균을 투여하면 염증과 불안 등이 감소한다는 연구 결과들이 속속 보고되고 있기 때문이다. 적당량을 섭취했을 때, 건강에 유익한 효과를 나타내는 살아있는 미생물을 일컬어 프로바이오틱스probiotics라고 한다. 프로바이오틱스 중에서 정신 건강에 도움을 주는 것들을 '사이코바이오틱스psychobiotics'라고 부른다.

결혼한 3쌍 중 1쌍이 이혼한다는 오늘날 대한민국의 슬픈 통계

• 일할 '길(拮)'과 막을 '항(抗)'을 써서, 서로 버티어 대항한다는 뜻이다.

수치 앞에서 '죽음이 우리를 갈라놓을 때까지' 영원히 사랑하겠다는 결혼 서약은 공허한 미사여구로 들린다. 오히려 이 문구는 미생물과 우리의 관계에 더 잘 어울린다는 생각을 해 본다. 우리는 미생물 없이 일주일도 버틸 수 없다. 그러니 우리에게 진정한 인생의 반려자이자 조력자인 미생물과 조화롭게 살아가는 방식을 따를 수밖에 없다.

똥값도 금값으로 만드는 미생물

쌀 '미米' 자에 다를 '이異' 자가 더해져 똥 '분糞' 자가 된다. 먹은 게 변해서 '똥'이 된다는 얘기다. 글머리부터 더럽게 똥 타령이냐고 얼굴을 찌푸리는 독자들이 있겠지만, 달리 생각해 보면 그렇게 더럽다 생각할 이유도 없다. 맛있다고 먹은 음식이 소중한 내 몸속을 통과해서 나온 것인데, 뭐가 그리 더럽단 말인가? 항상 몸속에 지니고 다니는 물질이 세상 밖으로 나온 것뿐인데 말이다. 그렇게 보면 생물학적으로 맞는 말지만, 그래도 똥은 피하고픈 것이 인지상정人之常情이다.

그런데 놀랍게도 옛 소리꾼들은 득음의 경지에 오르기 위해 실제로 똥물을 마시기도 했다고 한다. 명창을 향한 그들의 열정과 집념에 감동하다가, 도대체 그 향기로운(?) 음료를 어떻게 마셨을

지 궁금해졌다. 그리고 그 호기심에 이리 저리 알아보던 중 똥물 제조에 담긴 과학과 숨은 주인공을 발견했다. 옛 소리꾼들은 똥의 물을 그냥 마신 것이 아니었다. 먼저 병과 같은 용기의 입구를 솔잎이나 지푸라기 따위로 막고, 그 입구에 돌을 달아 똥통에 담가 둔다. 그러면 큰 건더기는 자연스레 걸러지고 국물만 용기 안에 모아진다. 이렇게 모은 똥물을 삼베로 다시 걸러서 마셨다고 한다. 단언컨대, 두 단계의 여과 과정을 거치고 난 진국에는 엄청난 수의 살아있는 미생물이 들어 있다. 기막힌 '프로바이오틱(?) 음료'가 만들어진 것이다!

좋은 똥과 나쁜 똥은 미생물에 달렸다

『동의보감』과 『본초강목』에 '인중황人中黃'이라고 하는 약재가 등장한다. 내 한자 실력으로는 어떤 약인지 당최 감이 잡히지 않는다. 혹시나 해서 국어사전을 뒤적였더니 그 뜻인즉, 사람의 똥과 쌀겨, 감초 가루 따위를 넣어서 만드는 탕약으로 해수●와 감기 등을 치료하는 데 쓴단다. 또한 이를 금즙金汁이라고도 부른다는 부연 설명을 보고는 똥이 금이 되었다는 생각에 헛웃음을 지었다. 그런데

● 咳嗽. 기침을 한방에서 이르는 말이다.

그냥 웃고 넘길 일이 아니다. 지금도 '좋은 똥'이 사람의 생명을 구하고 있기 때문이다.

2016년 대한장연구학회는 염증성 장질환자를 위한 '화장실 우선 이용 배려 캠페인'의 일환으로, 대형 종합병원 8곳에서 '염증성 장질환자 배려 화장실'을 운영한다고 밝혔다. 그만큼 장질환자가 많아졌다는 얘기다. 염증성 장질환은 장관(창자)에 만성 염증이 생기는 것을 말하는데, 이 환자들은 시도 때도 없이 찾아오는 복통과 설사 때문에 화장실을 뻔질나게 들락거려야 한다. 그 증상이 장염과 비슷해서 제대로 치료를 하지 않고 지나치기 쉬운데, 치료 적기를 넘기면 장협착이나 천공이 생겨 수술이 필요할 뿐만 아니라 암으로 악화될 위험도 커진다고 한다. 게다가 염증성 장질환은 한번 생기면 잘 낫지 않아서 난치성 질환으로 분류되고 있다.

최근에는 이를 치료하기 위한 생태학적 접근이 이루어지고 있는데, 그 첨단 치료법의 핵심은 마치 정상적으로 음식물을 섭취하지 못하는 환자에게 영양 주사를 놓는 것처럼 좋은 미생물을 장에 직접 넣어 주는 것이다. 그런데 불행하게도 현재의 기술로 배양할 수 있는 미생물은 자연계에 존재하는 전체 미생물의 1퍼센트 남짓이기 때문에, 좋은 장내미생물의 선별이 불가능하다. 그래서 생각해 낸 기발한 대안이 건강한 사람의 '좋은 똥' 이식이다.

기존의 모든 치료법이 실패한 경우에 한하여 이루어지는데, 먼저 당사자들의 동의하에 건강한 공여자(보통 배우자나 친지)의 대변

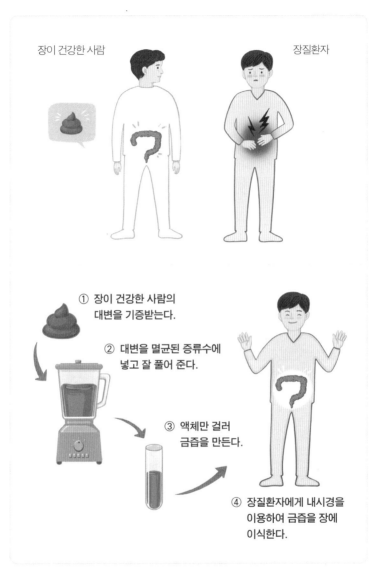

장이 건강한 사람

장질환자

① 장이 건강한 사람의
대변을 기증받는다.

② 대변을 멸균된 증류수에
넣고 잘 풀어 준다.

③ 액체만 걸러
금즙을 만든다.

④ 장질환자에게 내시경을
이용하여 금즙을 장에
이식한다.

〈분변 미생물상 이식 과정〉

101

을 멸균된 증류수에 푼다. 즉, 급즙을 만들어 내시경을 이용하여 집
어넣는다고 한다. 상당히 혐오스러운 방법이라고 생각되지만 그 치
료 효과가 좋다고 하니, 더럽다고 얼굴을 찌푸리기보다 앞서가는
생각으로 만약을 대비해서 건강할 때 나의 '그것'을 좀 받아 잘 보관
해 두는 것이 현명할 수도 있겠다. 그냥 웃자고 하는 실없는 얘기가
아니다. 정자은행과 혈액은행에 이어 드디어 '똥'은행이 2012년 미
국 보스턴에서 탄생했으니 말이다.

오픈바이옴OpenBiome, www.openbiome.org은 만성 염증성 장질
환으로 고통 받는 사람들을 도우려는 친지들의 열망에 과학자들의
호기심이 합쳐져 세워진 비영리기관이며, 안전한 '똥 이식'이 가장
큰 설립 목적이다. 고상하게 전문 용어를 동원하여 설명하면 안전
한 분변 미생물상 이식fecal microbiota transplantation, FMT 치료를 확
대하고, FMT에 필요한 최적의 분변을 선별하고자 함이다. 미생물
상微生物相이란 토양이나 물, 공기 또는 인체 등 해당 환경에 살고 있
는 미생물을 통틀어 이르는 말이다. 2016년 현재 오픈바이옴은 미
국 내 600여 의료 기관과 협력하고 있으며, 사용한 분변 누적양만
해도 약 0.6톤에 달한다. 무엇보다도 이 기관에서 제공한 분변으로
완치된 환자수가 1만3천 명을 넘는다고 하니, '좋은 똥'은 정말로
명약인가 보다.

똥은행과 똥캡슐이 있다고?

오픈바이옴의 핵심 자산인 '좋은 똥'은 기부를 통해 모아진다. 그런데 이 기부는 아무나 할 수 있는 게 아니다. 헌혈獻血보다 헌분獻糞 자격이 훨씬 더 까다롭기 때문이다. 18세 이상 50세 이하의 건강한 사람 가운데, 체질량 지수BMI가 30 이하인 경우에만 오픈바이옴에서 헌분, 즉 똥을 쌀 수 있다. 모든 검사를 통과한 헌분자에게는 회당 40달러가 지급된다고 하니, 일주일에 다섯 번씩 남의 화장실을 이용해 주면 한 달에 100만 원 가까운 부수입이 생긴다는 얘기다. 그냥 똥만 쌌을 뿐인데, 환우도 도와주고 덤으로 돈까지 받으니 세상에 이처럼 보람되고 유쾌한 부업이 또 있을까? 우리나라에도 하루 빨리 '똥은행'이 생겼으면 좋겠다.

이제 문제는 '좋은 똥'을 어떻게 환자의 장에 이식하느냐다. 가장 먼저 시행된 이식 방법은 앞서 언급한 관장 방식이다. 그런데 이 방법은 이식용 변을 준비하고 시술하는 과정에서 불편한 점이 많다. 더욱이 항문을 통해 내시경으로 도달할 수 있는 부위가 제한된다는 큰 단점이 있다. 소화제 같은 일반약처럼 그냥 먹으면 좋으련만, 그걸 알고 먹

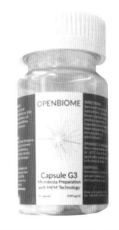

오픈바이옴에서 판매하는 캡슐

기는 아무래도 힘들어 보인다. 그래서 오픈바이옴은 얼린 똥을 캡슐에 넣어 제품으로 내놓았다. 30알들이 한 병에 무려 636달러(약 75만 원)인 이 의약품(?)은 영하 20도에서 6개월간 보관하며 복용할 수 있다. 환자는 이 캡슐을 물과 함께 삼키기만 하면 된다. 다만, 입 안에서 캡슐이 터지지 않도록 주의하면서 최대한 빨리 넘기는 것이 좋겠다.

장내 생태계의 평화를 위하여

우리 몸에서 미생물이 가장 많이 사는 곳은 바로 장이다. 미생물 입장에서 보면, 우리의 장은 고온다습하고 먹이가 풍부한 것이 흡사 지구의 열대 우림과도 같이 아주 좋은 서식지다. 이런 장내 생태계와 우리 사회는 닮은 점이 많다. 어느 사회든 모든 구성원이 질서를 잘 지키며 성실하게 살기를 기대할 수는 없다. 안타깝지만 크고 작은 범죄가 끊임없이 생기는 것이 현실이다. '깨진 유리창 이론 Broken Window theory'에 따르면, 유리창 파손과 낙서 등과 같은 경범죄를 처벌하지 않고 방치하면 더 큰 범죄로 이어지기 쉽다. 그런데 범죄 발생의 예방과 초기 대응의 중요성을 설명하는 이 이론이 장내 생태계에도 적용된다.

클로스트리듐 디피실리 *Clostridium difficile* 세균은 장내 생태

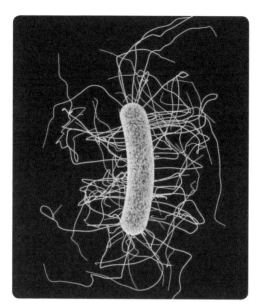

전자 현미경으로 본 클로스트리듐 디피실리

계의 그저 그런 구성원이다. 적어도 평소에는 그렇다. 그런데 생태계에 혼란이 오면 태도가 달라진다. 예를 들어 경구용 항생제를 장기간 복용하면 표적 병원균뿐 아니라 정상 구성원도 피해를 입게 되는데, 세균에 따라 그 피해 정도가 다르다. 클로스트리듐 디피실리 세균은 다른 구성원들에 비해서 항생제 내성이 강하다. 따라서 장내미생물상이 항생제에 노출되는 시간이 길어질수록 클로스트리듐 디피실리 세균의 수가 상대적으로 늘어나게 된다. 경쟁자가 줄어들면서 수적 우위를 점하게 되면, 이들 세균이 생산하는 독소의 양도 그만큼 많아지기 때문에 이로 인해 염증과 설사가 유발된다. 클로스트리듐 디피실리는 몸(세포) 전체를 덮고 있는 편모 덕분에 매우 빠르게 움직일 수 있다. 최근에는 이 편모가 운동뿐만 아니라 병원성 발현에도 관여하고 있다는 사실이 발견되었다.

장내 생태계가 안정적일 때는 다른 좋은 세균들의 눈치를 보느라 뒷골목 불량배 수준에서 멈췄던 세균도 계속 방치해 두면 어느 순간 조직폭력배처럼 많아지게 된다. 이 단계에서 항생제를 투여하는 것은 상황만 악화시킬 뿐이다. 애꿎은 세균들만 치명타를 입게 되고, 그럴수록 클로스트리듐 디피실리의 위세는 커지기 때문이다. 최악의 경우 환자는 목숨을 잃게 된다. 결론적으로 부적절한 항생제를 사용해서 생긴 질병을 치료하기 위해서는 항생제가 아닌 다른 무엇이 필요하다. 이것이 분변 미생물상 이식 치료가 확산된 이유다.

장내미생물상은 우리가 먹는 음식에 따라 달라진다. 예컨대, 고기를 즐겨 먹는 사람은 채소를 좋아하는 사람보다 단백질 분해 능력이 강한 장내미생물을 많이 가지고 있다. 유산균이 풍부한 음식은 일차적으로 건전한 장내 세균 집단을 복원시키고, 이차적으로 건강을 지켜준다.

이러한 사실을 이미 아셨던 걸까? 다양한 발효 음식을 남겨 주신 조상들 덕분에 우리나라 사람들은 튼튼한 장을 유지해 주는 건강식을 매일 먹을 수 있게 되었다. 각종 김치와 젓갈, 된장, 고추장에다 식혜와 막걸리까지 우리 음식 중에는 발효 음식이 아닌 것이 거의 없을 정도다. 이런 맥락에서 보면 서구식으로 변화된 우리 식습관이 염증성 장질환자의 증가와 무관하지 않은 것 같다. 소 잃고 외양간 고치지 않으려면, 이 땅에서 우리 민족이 5000년 동안 먹어 온 고유의 음식을 잘 챙겨 먹어야겠다. 자칫하다 남의 똥을 먹을 수도 있으니! 반대로 좋은 장내미생물상을 유지하고 있으면 건강에 덤으로 돈까지 찾아온다. '똥값'이 '금값'이 된 시대가 왔으니 말이다.

알면 알수록 재밌는 미생물 이야기

우리는 살아가면서 '정상'과 '비정상'으로 자주 구분한다. 대부분의 경우, 정상이란 평범한 대다수를 가리킨다. 그렇다면 정상은 보통과 다르지 않고, 비정상은 '독특함'의 다른 표현이라고 할 수도 있겠다. 이른바 '4차 산업혁명'이라는 물결 속에서 국가와 사회 번영은 구성원의 다양성과 개성에 달려 있다고 한다. 요즘 우리나라만 보아도 각자의 개성을 살려서 여러 분야에서 두각을 나타내는 인재들이 늘어나고 있는 추세다. 이는 아주 다행스럽고 바람직한 현상이라고 생각한다.

여기서 '개성'이라면 빠질 수 없는 존재가 미생물이다.

방사능을 먹는 세균, 범인을 잡는 세균

사람으로 치면 친척이라고 볼 수 있는 두 종류의 세균이 있다. 이름만 잘 살펴보아도 이들 세균의 독특한 특성을 알 수 있다. 데이노코쿠스 라디오두란스*Deinococcus radiodurans*의 속명은 구균^{coccus} 앞에 '끔찍한' 또는 '소름 끼친다'는 의미의 그리스어 'deinos'가 붙어 있다. 종명은 방사능(radio-)과 내구성(-durans)을 뜻하는 말의 조합이다. 결국 소름 끼칠 정도로 방사능에 잘 견디는 세균이라는 얘기다. 보통 4개가 붙어사는 이 세균은 인간 치사량의 1500배에 달하는 방사능에 노출되어도 살아남는다.

데이노코쿠스 라디오두란스는 1956년 미국의 한 농업 시험장에서 우연히 발견되었다. 방사선을 이용한 통조림 식품 멸균법을

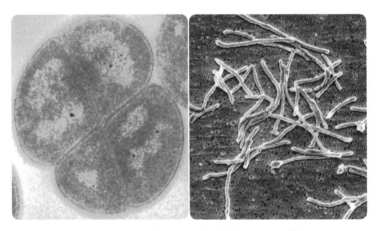

데이노코쿠스 라디오두란스(왼쪽)와 테르무스 아쿠아티쿠스(오른쪽) 세균

개발하던 연구진이 강한 방사선 처리에도 살아남아 깡통 속의 고기를 상하게 한 세균을 분리한 것이다. 이들은 같은 유전자를 여러 개 가지고 있기 때문에 방사선에 의해 손상된 유전자를 즉시 대체할 수 있고, 손상된 DNA를 복구하는 능력도 뛰어나다. 이 덕분에 강력한 방사선에 견딜 수 있다. 현재 과학자들은 이 세균을 방사능 폐기물 처리 및 오염 지역 정화에 응용하는 연구를 활발하게 진행하고 있다.

테르무스 아쿠아티쿠스*Thermus aquaticus*는 '열'을 뜻하는 그리스어 'thermos'와 '물'을 뜻하는 라틴어 'aqua'에서 유래한 세균명이다. 1966년, 미국 옐로우스톤 국립공원 온천수에서 분리된 세균답게 섭씨 70도에서 가장 잘 자라고, 80도까지도 거뜬하다. 하지만 50도 아래로 내려가면 얼어(?) 죽을 판이다. 고온에서 사는 만큼 이 세균의 효소들은 내열성이 강하다. 대표적으로 이 세균의 DNA 중합 효소Taq* DNA polymerase는 1980년대 후반부터 시험관에서 원하는 유전자를 증폭하는 데 널리 쓰였다. 유전자를 증폭할 때는 열을 가해 이중나선을 떨어뜨리는 과정이 들어가는데, 기존의 효소들은 열에 약해 한 번 복제할 때마다 추가로 투입해야 하는 번거로움이 있었다. 또한 그만큼 비용도 많이 들었다. 반면 열에 강한 Taq는 계속 재사용될 수 있어서 그만큼 널리 쓰이면서 현대 생

• Taq는 속명 첫 자 'T'와 종명 앞의 두 자 'aq'를 합친 것이다.

명공학의 핵심 기술이 되었다. 이 기술은 범죄 수사 영화나 드라마에서 자주 등장하는데, 사건 현장에 있는 혈흔 또는 머리카락 한 올에 있는 소량의 DNA에서 특정 유전자를 증폭하여 결정적인 증거를 확보하는 바로 그 기술이다.**

뜨거운 것이 좋은 세균

엘로우스톤 국립공원 온천수에서 미생물이 발견되자 대부분의 미생물학자들은 이를 극히 예외적인 사례로 간주했다. 하지만 1970년대 후반, 수심 2000미터가 넘는 심해 탐사가 가능해지면서 이들의 태도가 180도 바뀌게 되었다. 심해 열수구***는 지상의 화산과 같다. 열수구에서 나오는 마그마와 함께 뿜어지는 바닷물의 온도는 섭씨 200~400도에 달한다. 이 해수에는 황화수소와 철을 비롯한 여러 광물이 녹아 있어 색이 검다. 이 때문에 검은 연기가 뿜어져 나오는 것처럼 보인다 하여, 이 물기둥을 '블랙 스모커black smoker'라고 부르기도 한다.

** 이를 중합 효소 연쇄 반응(polymerase chain reaction, PCR)이라고 한다.
*** 熱水口. 따뜻한 물 또는 섭씨 200~400도의 뜨거운 물이 수 킬로미터의 바다 밑 지각으로부터 스며 나오는 곳. 이곳에서 나온 열수(熱水)는 황화물을 많이 함유하고 있으므로 화학 독립 영양 세균이 번성하여, 그것을 바탕으로 여러 동물이 서식하는 특수한 생태계를 이룬다.

수심이 10미터씩 깊어질 때마다 압력은 1기압씩 높아진다. 따라서 3000미터 물속에서는 300기압이라는 엄청난 압력이 작용하기 때문에 물은 섭씨 400도가 넘어야 끓는다. 1997년, 이런 극한 환경에서 고세균 하나가 발견되었다. 파이롤로부스 퓨마리 *Pyrolobus fumarii*. 역시 이름으로 자기를 소개하고 있다. '불'을 뜻하는 그리스어 'pyro-'와 '껍데기'를 뜻하는 라틴어 '-lobus'가 합쳐진 속명에, '연기'를 뜻하는 라틴어 'fumus'에서 유래한 종명을 가지고 있다. 이를 다시 풀어 보면 단백질 껍데기를 가진 구균이고, 블랙 스모커가 솟구치는 열수구 주변에서 분리되었음을 명백하게 알려 준다.

파이롤로부스 퓨마리는 섭씨 106도에서 제일 행복하고, 113도에서도 자란다. 하지만 90도 이하로 내려가면 추워서 못산다. 심지어 섭씨 121도 고압멸균기에서도 1시간 동안이나 생존할 수 있다. 같은 조건에서 보통 세균들은 15분이면 완전히 사멸한다. 더구나 이 고세균은 유기화합물을 필요로 하지도 않는다. 열수구에서 나오는 황화합물이면 충분하다. 펄펄 끓는 물에서 유유자적하는 삶도 도무지 믿어지지 않는데, 이보다 더한 고수가 있다니 도대체 미생물의 능력은 어디까지인가?

2003년 학술지 『사이언스*Science*』에 '스트레인*strain* 121'이라 명명된 고세균이 보고되었다. 뜨거움을 끔찍이 좋아하는 이 녀석은 섭씨 121도 고압멸균기 속에 넣고 하루 종일 삶아도 생존하는 정도가 아니라 두 배로 증식까지 한다. 결국 130도까지 올리고 나서야 비로소 성장을 멈췄는데, 마침내 죽었다고 생각하고 온도를 낮추자 103도에서 다시 자라기 시작했다. 어안이 벙벙할 뿐이다.

성차별 하는 세균

월바키아*Wolbachia*는 지구상에서 가장 흔한 감염 세균 집단일 것이다. 1924년에 처음 발견되었지만, 1990년대까지 이 세균에 대해 알려진 것이 거의 없었다. 곤충과 선충*등의 세포 안에서 내부공생체의 형태로 살아가기 때문에, 보통의 배양 방식으로는 검출하기가 어려웠기 때문이다. 지금까지 조사한 곤충과 선충 종의 75퍼센트 가량이 이 세균에 감염된 것으로 나타났다. 심지어 대부분의 선충은 월바키아가 안에 있어야만 살아갈 수 있다. 요컨대 항생제를 처리해서 이 세균을 죽이면 숙주인 선충도 따라 죽는다.

월바키아는 일부 곤충에게 극단적인 성차별을 한다. 수컷을 없애 버리는 것이다. 다시 말해 해당 곤충의 수컷에 감염하면 남성 호르몬을 억제해서 수컷 곤충의 성을 서서히 암컷으로 전환시켜 버린다. 반면 암컷에 감염하면, 암컷이 알을 낳을 때 모두 암컷만 태

• 線蟲, nematode. 몸이 실과 같이 원통형으로서 지렁이와 비슷한 모양을 가지며, 종 및 개체수가 많다. 해수, 담수 그리고 토양에서 서식한다.

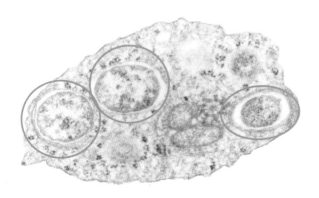

곤충 세포 속에 들어 있는 월바키아(동그라미 부분)

어나게 만든다. 월바키아를 지닌 채 말이다. 이처럼 난자가 정자와 수정하지 아니하고 새로운 개체를 만드는 생식 방법을 단성 생식(또는 처녀 생식)이라고 하는데, 여러 곤충뿐만 아니라 일부 어류와 양서류, 파충류에서도 발견되는 생식 방법이다. 단성 생식에 월바키아가 항상 관여하는지는 아직 미지수다.

자연 상태에서 그 구성원들끼리 교배하여 자손을 낳을 수 있는 생물 집단을 생물학적 종biological species이라고 한다. 독특한 구애 행동처럼 자연계에는 다른 종과의 교배를 막는 여러 가지 생식적 격리 작용이 있기 때문에, 각 종의 고유한 특성이 유지될 수 있다. 그런데 월바키아에 감염된 말벌에 항생제를 처리했더니, 이 말벌은 다른 종과 교미하여 잡종 말벌을 낳았다. 월바키아가 말벌의 바람기를 막고 있었단 말인가?

최근에는 월바키아가 자신의 유전자 일부를 숙주로 전달할 수 있고, 전이된 유전자가 발현된다는 것이 발견되었다. 이 세균이 곤충의 진화에 어떤 영향을 미쳐왔고, 미치고 있는지 사뭇 궁금해진다. 나아가서 아주 오래전에 어떤 세균들이 숙주 세포로 들어와 미토콘드리아와 엽록체로 진화했듯이, 월바키아 또한 세포소기관으로 진화될지 모를 일이다.

눈에 보이는 자이언트 세균

세포의 반지름이 10배 증가하면, 표면적은 100배, 부피는 1000배나 증가한다. 따라서 세포가 커질수록 부피에 비해 표면적이 작아지므로 세포 속까지 영양분이 도달하기는 그만큼 어려워진다. 반대로 크기가 작아지면 세포의 부피 대비 표면적은 커진다. 이는 곧 환경과 물질 교환을 하는 세포 표면이 증가한다는 것이기에 단세포 생물인 세균의 입장에서는 큰 장점이 된다. 그래서 미생물학자들 사이에서도 세균은 작을 수밖에 없다는 것이 오래된 통념이었다.

1985년, 홍해에 사는 검은쥐치의 창자에서 새로운 미생물이 발견되었다. 시가cigar 담배 모양의 이 미생물은 길이가 0.6밀리미터에 달해서 맨눈으로도 확인할 수 있는 정도였다. 대장균 100만 마리가 거뜬히 들어갈 수 있는 크기였기에, 발견 당시에는 이 미생물을 원생동물로 여겼다. 하지만 후속 연구 결과 클로스트리디움

과 가장 유사한 세균으로 판명되었고, 에플로피시움*Epulopiscium*
이라는 이름이 붙여졌다. 이는 라틴어로 '물고기(piscium)의 만찬
(epulum)'이라는 뜻이다.

에플로피시움의 전체 유전체는 사람의 것보다 25배나 크다.
거대한 유전체가 수만 개로 나뉘어 세포 내 전체에 퍼져 있다. 필
요한 단백질을 그 자리에서 생산할 수 있어서 배송 부담을 확 줄
였고, 이분법으로 분열하지 않는다. 딸세포*가 모세포** 안에서 형
성되고, 모세포가 벌어지면서 그 틈으로 딸세포가 방출된다. 마치
새끼를 낳는 것처럼 보이는 이 과정은 진화적으로 포자 형성과 유
사한 것으로 추측된다.

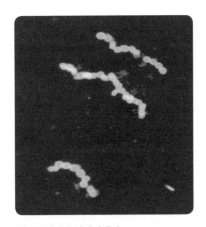

티오마가리타 나미비엔시스

내열성 겨루기에서 그
랬던 것처럼(110쪽 참조), 크
기 경쟁에서도 에플로피시
움을 1등에서 밀어내는 세균
이 1999년에 등장했다. 아
프리카의 남서해안, 나미비
아의 해변 침전층 100미터
깊이에서 발견된 티오마가

• 세포 분열로 생긴 두 개의 세포.
•• 분열하기 전의 세포.

리타 나미비엔시스*Thiomargarita namibiensis*가 그 주인공이다. 학명을 우리말로 옮기면 '나미비아의 황진주'라는 뜻으로, 이 세균의 분리 장소와 황화수소를 먹고 자라는 세균의 특성을 대변한다. 이 동그란 세균은 지름이 0.8밀리미터에 달한다. 이 문장 끝에 있는 '마침표'와 비슷하거나 조금 더 크다고 할 수 있다. 하지만 에플로피시움과 달리 유전체 크기에서는 보통 세균과 크게 다르지 않다. 이 세균은 세포 부피의 98퍼센트를 액포***로 채우고 있다. 따라서 세포막 근처의 협소한 공간에서 활발하게 대사 활동을 한다는 점을 고려하면, 평범한 유전체 크기를 이해할 수 있을 것 같다.

••• 液胞. 성숙한 식물세포에 들어 있는 구조물. 세포 안에 있는 큰 거품 구조로, 액포막에 싸여 있다. 액포 안에는 세포액이 차 있으며, 여러 가지 당류 · 색소 · 유기산 따위가 녹아 있다(49쪽 그림 참조).

8. 알면 알수록 재밌는 미생물 이야기

3부

인간의
미생물
탐험은
끝이 없다

정말 중요한 것은 눈에 보이지 않는다

"우리 지금, 미생물의 일종인 효모의 배설물을 마시고 있는 거야! 생물학에서 말하는 배설물이란, 몸(세포) 안으로 들어와 몸에 필요한 반응을 거친 후에 다시 몸 밖으로 나가는 물질이거든. 맥주에 있는 알코올은 효모가 맥아에 있던 당분을 발효한 후에 내놓은 배설물이지. 어감 때문에 그렇지 실제로는 더러운 게 아니야. 물론 배설물이 쌓이면 그 생명체에게 해롭지. 그래서 보통 자연 발효를 시키면 맥주의 알코올 함량이 5퍼센트 정도에 머무는 거야. 한 생물 종의 배설물이 당사자에게는 독이 되지만, 다른 생물 종에게는 약이나 먹이(양분)가 되는 게 대자연의 섭리라고. 멀리 갈 것도 없어. 지금 이 순간 우리를 보자고. 우리가 숨 쉬는 산소는 식물이 광합성을 하고 내놓은 배설물이잖아. 우리 호흡의 배설물인 이산화탄소는 식물이 광합성에 이용하고. 이게 대자연의 섭리지. 하하"

오랜만에 친구들과 맥주잔을 부딪히며 담소를 나누던 중에 직업의식과 장난기가 발동하여 맥주(자세한 사항은 229쪽 참조)로 미생물학 강연을 펼친 적이 있다. 그때 한 친구가 대뜸 "그럼 미생물도 생물이란 말이야?"하고 말하며 의아한 표정을 지었다. 조금 당황했지만, 지구에 살고 있는 생물 중에 미생물의 종류와 수가 가장 많다는 부연 설명을 곁들여 친구의 순수한 의구심을 풀어 주려고 했다. 그런데 고개를 끄덕일 것이라는 내 기대와 반대로 친구는 이렇게 되물었다.

"그런데 왜 노아의 방주*에 미생물이 들어갔다는 얘기는 전혀 없지? 제일 많다면서?"

그 친구의 말대로, 노아의 방주 이야기가 실려 있는 구약성경의 창세기편에는 미생물이 등장하지 않는다. 지극히 당연한 일이다. 성경은 현미경이 발명되기 한참 전에 쓰였으니 말이다. 하지만 오늘날 미생물학자의 눈에는 동물과 함께 방주로 들어가는 수많은 미생물이 확연하게 보인다. 방주에 탑승한 동물의 몸에 살고 있는 수

• 구약성경 창세기(6:5~9:29)에 따르면, 하나님이 홍수를 내려 타락한 인간들을 멸망시키겠다는 뜻을 노아에게 알려 주며 배를 만들라고 명한다. 노아는 이에 따라 배를 만들어 자기 가족과 동물 암수 일곱 마리씩을 싣고, 밀어닥친 홍수를 피했다. 이 배의 이름이 '노아의 방주'다.

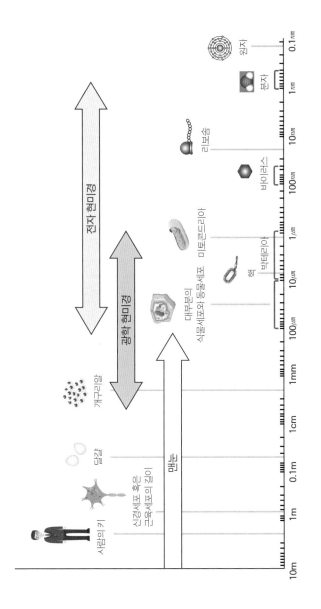

〈맨눈과 현미경으로 볼 수 있는 크기 비교〉

전자 현미경

광학 현미경

맨눈

사람의 키

신경세포 혹은
근육세포의 길이

달걀

개구리알

대부분의
식물세포와 동물세포

미토콘드리아

핵

박테리아

리보솜

바이러스

분자

원자

10m 1m 0.1m 1cm 1mm 100μm 10μm 1μm 100nm 10nm 1nm 0.1nm

9. 정말 중요한 것은 눈에 보이지 않는다

많은 미생물, 바로 '정상미생물상'이다. 『어린 왕자』에 나오는 "정말 중요한 것은 눈에 보이지 않는다"라는 문장까지 동원하여 너스레를 펼쳤던 잠깐의 종교-과학 논쟁(?)은 그렇게 막을 내렸다.

미생물의 첫 발견

우리가 무얼 하든 어딜 가든 미생물은 늘 우리와 함께 하는 아주 친밀한 존재지만, 맨눈에는 보이지 않는다. '눈이 보배다'라는 우리 속담이 있다. 미생물을 연구하는 미생물학에 꼭 들어맞는 말인 것 같다. 제대로 된 현미경이 개발되고 나서야 비로소 미생물의 생김새와 종류, 기능 등을 알아내기 시작했기 때문이다. 따라서 장구한 미생물의 역사와는 대조적으로 미생물학의 역사는 아주 짧다.

네덜란드 델프트Delft에서 태어난 레이우엔훅Anton van Leeuwen-hoek, 1632~1723은 아버지를 일찍 여의었다. 때문에 가정 형편은 매우 어려워졌고 이에 일찍부터 학교 대신 생계 전선에 나서야 했다. 청소년 시절부터 포목상에서 일을 했고, 20대 초반에는 직물 장사를 시작했다. 이후 다행히 비단 상인의 딸과 결혼하면서 행복한 삶이 시작되는 듯했다. 하지만 안타깝게도 다섯 자녀 중 네 명을 어린 나이에 잃고, 아내마저 그가 서른넷이 되던 1666년에 세상을 떠나

안톤 판 레이우엔훅(왼쪽)과 로버트 훅(오른쪽)

고 말았다. 사랑하던 이들과의 슬픈 이별을 달래기 위해서였을까? 1668년 그는 영국 런던으로 여행을 떠났다.

영국에서 레이우엔훅은 당시 잘 나가던 젊은 과학자 로버트 훅 Robert Hooke, 1635~1703이 펴낸 『마이크로그라피아*Micrographia*』를 접했다. 이 책은 훅 자신이 제작한 현미경으로 주변의 다양한 생물과 사물을 수십 배 확대하여 본 것을 직접 그린 그림들을 모은 일종의 화보집이다. 과학사 측면에서 1610년 갈릴레오 갈릴레이의 『별의 전령*Sidereus Nuncius*』이 크지만 너무 멀어서 보이지 않는 거시 세계를 열었다면, 『마이크로그라피아』는 가까이 있지만 너무 작아서 보이지 않는 미시 세계를 열었다는 평가를 받고 있다.

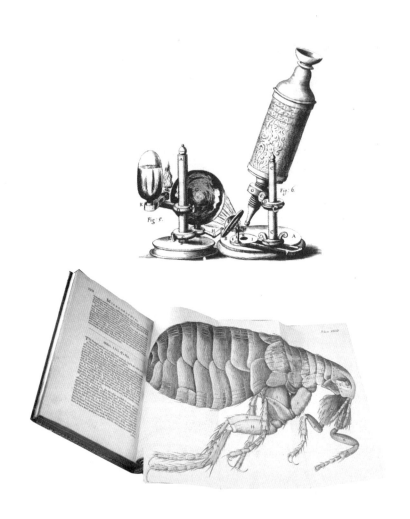

로버트 훅이 제작한 현미경(위)과 『마이크로그라피아』(아래)

여행에서 돌아온 레이우엔훅은 현미경이 보여 주는 미시 세계에 푹 빠졌다. 물론 당시 이런 사람들은 많았다. 보통 그들은 작은 곤충이나 나뭇잎과 같이 잘 알려진 것들을 확대해서 보는 데 만족하고 있었다. 그러나 레이우엔훅은 더 작은 것이 보고 싶었다. 예를 들어 매운 고추를 먹었을 때 혓바닥이 따가운 이유는 고추에 들어 있는, 눈에 보이지 않는 날카롭고 뾰족한 물질이 혀를 찌르기 때문일 것이라는 다소 엉뚱한 상상을 하고, 고추의 즙을 현미경으로 관찰했다고 한다. 당연히 그가 상상하는 그런 물질은 볼 수 없었다. 아마 꼬물대는 아주 작은 벌레 같은 것들을 봤을지 모르겠다. 이후 장장 50년(1673~1723년)에 걸쳐 레이우엔훅은 빗물과 자신의 대변, 노인의 치아에서 긁어낸 찌꺼기 등 주변에서 구할 수 있는 거의 모든 것을 손수 만든 현미경을 통해 봤다. 그리고 거기서 항상 서로 다른 모양의 미세한 존재들을 확인하고, 이를 '극미동물animalcule•'이라고 칭했다.

직물 장사꾼에서 미생물학의 아버지로

현미경을 누가 정확히 언제 발명했는지는 불분명하지만, 현재

• '-cule'은 '작은'을 뜻하는 접미사다.

자카리아스 얀선

우리가 보통 현미경이라고 부르는 복합현미경*은 1600년쯤 네덜란드의 안경 제작자였던 얀선Zaccharias Janssen, 1580~1638이 처음 만든 것으로 알려져 있다. 렌즈 두 개를 둥근 통에 고정시켜 제작한 이 현미경은 품질이 좋지 않아서 세균을 비롯한 작은 미생물을 관찰하는 데에는 사용할 수가 없었다. 이후에 만들어진 훅의 현미경도 성능이 크게 향상되지는 않았다. 반면 레이우엔훅의 현미경은 달랐다.

레이우엔훅은 직물 장사를 하면서 늘 돋보기로 재질을 검사했기 때문에 렌즈에 일가견이 있었다. 더욱이 장사를 하면서도 렌즈와 금속 가공 기술을 틈틈이 익혀 왔던 터라, 그의 렌즈 제작 기술은 대단한 수준이었다. 이런 능력을 한껏 발휘하여 레이우엔훅은 300배 정도까지 확대해서 볼 수 있는 렌즈가 장착된 현미경을 만들었다.

• 대물렌즈와 대안렌즈로 각각 하나씩 총 두 개의 볼록렌즈로 이루어진 현미경이다.

겉모습만 보면 훅의 복합현미경이 훨씬 멋지고 좋아 보인다. 이에 비하면, 렌즈가 하나인 레이우엔훅의 단현미경은 조잡해 보이기까지 하고, 현미경보다는 돋보기에 더 가까워 보인다(사실 돋보기도 단현미경이라고 할 수 있다). 그러나 현미경의 성능을 결정짓는 렌즈만 놓고 보면, 레이우엔훅이 훅을 그야말로 압도한다. 레이우엔훅이 만든 렌즈는 시료를 300배까지 확대해 주었다. 덕분에 그는 당시 엘리트 과학자들이나 보았던 세포보다 10배나 더 작은 생물들을 관찰할 수 있었다. 그러고 보니 레이우엔훅이 시대를 앞선 현미경을 디자인한 것 같다. 그의 발명품이 마치 '셀카봉'이 달린 스마트폰처럼 보이기 때문이다(130쪽 사진 참조).

완벽을 추구했던 레이우엔훅은 현미경 렌즈에 잡힌 이 극미동물들을 화가들의 도움을 받아 정밀하게 묘사했다. 요컨대 「진주 귀걸이를 한 소녀」라는 작품으로 유명한 화가 베르메르Johannes Vermeer, 1632~1675가 레이우엔훅의 동갑내기 동네 친구다. 레이우엔훅은 베르메르와 같은 예술가들과의 융합 연구 산물(?)에 설명을 덧붙여 영국 런던에 있는 왕립학회**에 꾸준히 보냈다. 편지를 받은 영국 왕립학회는 변방 국가의 한 장사꾼이 주장하는 내용이 사실인지를 놓고 논란에 휩싸였다. 결국 최종 확인은 다름 아닌 훅이 맡

** 1660년 영국에서 창립된 학자와 지식인들의 모임으로, 공식 명칭은 '자연에 대한 지식 제고를 위한 런던 왕립학회(The Royal Society of London for Improving Natural Knowledge)'다.

관찰 대상

렌즈

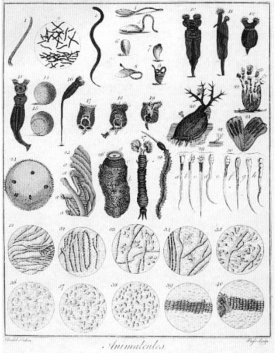

레이우엔훅이 만든 현미경(위)과 그가 본 극미동물들(아래)

았고, 그는 레이우엔훅의 발견이 사실임을 확인해 주었다.

1680년 영국 왕립학회는 전문 과학 교육커녕 학교도 제대로 다니지 못했던, 하지만 창의적인 생각과 불굴의 노력으로 새로운 세계를 열어 준 이 사나이를 회원으로 받아들였다. 불우한 어린 시절과 아픈 중년 시절을 극복하고, '봄seeing'의 호기심을 충족시키려 열정을 불태웠던 레이우엔훅이 기라성 같은 학자들과 함께 과학사의 한 페이지에 이름을 올리게 된 것이다. 오늘날 레이우엔훅은 '미생물학의 아버지'로 불리고 있다.

보이지 않는 생명력에 관한 논쟁들

전혀 생각하지 못했던 미시 생물의 세계가 발견된 후, 사람들은 이들의 기원에 대해 흥미를 갖기 시작했다. 오늘날 우리에게는 터무니없는 이야기지만, 19세기 후반까지도 보통 사람들은 말할 것도 없고 심지어 일부 과학자들까지도 생명의 어떤 형태는 무생물에서 저절로 생겨난다고 믿었다. 이 과정을 그럴싸하게 '자연발생spontaneous generation'이라고 불렀다. 쉽게 말해서 200여 년 전만해도 사람들이 생쥐 같은 동물도 저절로 탄생할 수 있다고 흔히 믿었고, 나름대로의 근거를 가지고 있었다. 예컨대 쌓아둔 퇴비 더미에는 파리가 '저절로' 우글거리고, 썩어가는 음식물에서는 구더기

9. 정말 중요한 것은 눈에 보이지 않는다

위에서 왼쪽부터 시계방향으로 프란체스코 레디, 존 니덤, 라차로 스팔란차니, 앙투안 라부아지에

3부 인간의 미생물 탐험은 끝이 없다

가 '저절로' 꾸물꾸물 기어 나왔다.

17세기 중반, 이탈리아 출신의 의사 겸 박물학자 프란체스코 레디Francesco Redi, 1626~1697가 처음으로 자연발생에 대해 공식적으로 문제를 제기했다. 그는 썩은 고기에서 구더기가 '저절로' 생기는 게 아님을 증명하기로 결심하고, 두 개의 단지에 고기를 담았다. 하나는 뚜껑을 덮지 않았고, 다른 하나는 밀봉했다. 예상한 대로 뚜껑이 없는 단지의 고기에서만 구더기가 나왔다. 자연발생을 믿는 사람들은 신선한 공기가 없어서 그렇다고 주장했다. 이에 맞서 레디는 두 번째 실험을 수행했다. 이번에는 밀봉하지 않고 공기만 들어갈 수 있도록 단지의 입구를 가제로 덮었다. 이번에도 구더기는 보이지 않았다. 당연한 결과가 아닌가! 파리가 고기에 알을 남길 수 없었을 테니 말이다.

레디의 실험 결과는 생물이 저절로 생겨난다는 오랜 신념에 심각한 타격을 주었다. 그러나 당시의 많은 학자들은 레이우엔훅이 발견한 극미동물(미생물)은 자연발생할 만큼 충분히 단순하다고 여전히 믿었다.

그런 와중에 18세기 중반, 영국인 존 니덤John Needham, 1713~1781이 고깃국을 끓인 다음에 용기에 담아 뚜껑을 닫아도 국물이 곧 미생물로 가득해지는 것을 발견하고, 고깃국에서 저절로 미생물이 나왔다고 주장했다. 이로부터 약 20년 후 이탈리아의 라차로 스팔란차니Lazzaro Spallanzani, 1729~1799는 니덤이 국물을 끓인 다음에 공기에서 미생물이 들어갔을 것이라고 주장했다. 스팔란차니는 밀봉한 상태로 끓인 고깃국에서는 미생물이 생기지 않음을 보여 주었다. 이에 대해 니덤은 자연발생에 필요한 생명력vital force이 끓이는 과정에서 파괴되었는데, 공기에 있는 생명력이 밀폐된 용기 안으로 들어갈 수 없었기 때문이라고 반박했다.

때마침 이 무렵에 프랑스의 화학자 앙투안 라부아지에Antoine Laurent Lavoisier, 1743~1794가 공기 중에 있는 '산소'라는 기체가 생물의 생명 유지에 꼭 필요하다는 것을 보여 주면서, 이 보이지 않는 생명력은 더욱 신빙성을 얻었다. 그리고 이 지루한 논쟁은 프로이센의 루돌프 피르호라는 의사가 그 바통을 넘겨받으면서 다음 세기로 이어졌다.

미생물학의 세 남자 이야기

인류는 미생물의 존재를 전혀 모른 채 역사상 대부분의 시간을 보냈다. 이 기간 동안 미생물, 특히 전염성 병원체는 우리의 의지와는 무관하게 인류 역사의 흐름을 완전히 다른 방향으로 바꾸어 놓곤 했다. 역사를 조금만 살펴봐도 이런 사실을 쉽게 확인할 수 있다.

페스트는 14세기 유럽 인구의 3분의 1을 죽음으로 내몰아 중세 유럽의 몰락을 재촉했다. 좀 더 거슬러 올라가 고대 로마는 말라리아 때문에 군사력과 생산력이 급감해 쇠망의 길로 들어섰다. 아테네도 괴질에 시달리다 스파르타의 침공을 견디지 못하고 그리스의 맹주에서 떨어져 나갔다. 이처럼 전염병이 국가의 흥망성쇠를 좌우함은 역사가 증명하는 사실이다. 안타깝게도 2015년 메르스(중동호흡기증후군)Middle East Respiratory Syndrome, MERS사태가 진정되자 곧이어 조류 독감Avian Influenza virus, AI과 구제역foot and mouth disease, 口蹄疫의 습격을 받은 우리나라도 이런 역사를 생생하게 경험하고 있다. 이에 대한 자세한 설명은 「15. 21세기를 흔드는 감염병 이야기」에서 다루기로 하겠다.

오늘날 모든 국가는 정부가 직접 나서서 감염병을 적극 관리하고 있다. 불과 150여 년 전만 해도 영문도 모른 채 병원성 미생물에게 일방적으로 당하기만 하던 인류가 이제는 어느 정도 병원체 확산 방지 및 퇴치 전략을 세울 수 있게 된 것이다. 이는 그동안 축적된 미생물 연구 덕분이다. 말 나온 김에 해묵은 자연발생 논쟁의 종지부를 찍고, 병원성 미생물의 정체를 밝혀내는 데에 결정적인 단서를 제공하여 미생물학의 토대를 세운 세 명의 걸출한 과학자들의 삶을 살펴보자.

세포 병리학을 처음 내세운 피르호

1848년은 혁명의 해였다. 이탈리아에서 시작된 민중 봉기가 프랑스와 독일, 오스트리아 등으로 번져 갔다. 엎친 데 덮친 격으로 프로이센(독일)*에는 '발진티푸스epidemic typhus'라는 전염병까지 창궐하고 있었다. 정부는 흉흉한 민심을 수습하고자 조사단을 꾸렸다. 그리고 이 전염병의 원인을 밝혀서 그 대책을 마련하도록 지시했다.

조사단 중 한 명이었던 피르호Rudolf Vir-chow, 1821~1902라는 20대 중반의 젊은 의사는 발병 지역으로 조사를 나갔고, 그곳에서 질병보다 가난의 고통에 더 큰 충격을 받았다. 정부에 제출한 그의 보고서에는 병리학적 분석보다 빈민층의 열악한 생활환경에 대한

루돌프 피르호

정치사회적 분석이 더 많았다. 한마디로 피르호가 내놓은 전염병 해결책은 제도 개혁이었다. 이런 정치적 처방을 프로이센 정부가 좋아할 리 없었고, 받아들일 리는 더더욱 없었다. 다만 피르호를 눈에 가시로 여겼을 뿐이었다.

프로이센 정부의 우려는 현실이 되었다. 혁명이 일어났고, 피르호는 앞장서서 싸웠다. 결국 그는 근무하던 병원에서 쫓겨나 베를린에서 멀리 떨어진 시골 뷔르츠부르크 소재 대학으로 보내졌

• 독일 동북부, 발트해 기슭에 있던 지방. 1701년에 프로이센 왕국이 세워졌으나 제2차 세계 대전 후 소련 및 폴란드에 점령되어, 이름조차 없어졌다.

10. 미생물학의 세 남자 이야기

다. 일순간에 전도유망한 청년 의사에서 반체제 인사로 내몰린 것이다. 하지만 역사 속 여러 위인이 그랬듯이, 피르호도 이 고난의 기간을 전화위복의 기회로 삼았다. 그의 의학적 업적은 바로 이 7년간의 유배 시절(?)에 나왔다. 그는 백혈병의 원인이 비정상적인 백혈구의 급증 때문임을 알아내고, 건강한 세포의 이상 증식을 암이라고 정의했다. 그리고 1858년 마침내 『세포 병리학*Cellular pathology*』이라는 역작을 출간하여, 질병의 원인 규명에 새로운 장을 열었다.

이후 명성을 얻은 피르호는 정치에도 직접 나섰는데, 1861년부터 1893년까지 프로이센·독일제국의회 의원을 지내기도 했다. 국회예산위원장 시절에는 군사 비용을 올리려는 '철혈 재상' 비스마르크와 맞서다 결투 신청까지 받기도 했다. 이때 그는 왜소한 체격임에도 불구하고 수술용 칼로 겨루겠다면 기꺼이 그 도전을 받아 주겠다며 비스 마르크에게 태연하게 응수했다고 한다. 그 기개와 유머 감각에 경탄하지 않을 수 없다. 가히 '의학의 교황'이라는 별칭을 받을 만하다.

자연발생설을 폐기시킨 파스퇴르

1848년 2월 22일, 세차게 내리는 빗속에도 성난 파리 시민들은 광장을 메우고 있었다. '2월 혁명'*의 시작이다. (2012년 개봉된 영화 〈레미제라블〉의 마지막 합창 장면이 2월 혁명을 암시한다고 한다.) 프랑스에서 다시 한 번 왕정이 무너지던 그 해에 청년 화학도 파스퇴르Louis Pasteur, 1822~1895는 '주석산'이라는 화합물의 입체 모양에서 새로운 사실을 발견했다. 주석산의 한자어를 풀어 보면, '술酒에서 돌石처럼 만

루이 파스퇴르

들어지는 산酸'이 된다. 그렇다! 적포도주를 따르다 보면 마지막에 흔히 볼 수 있는, 병 밑바닥에 가라앉아 있는 결정 찌꺼기의 주성분이 주석산이다. 지저분해 보이지만 인체에는 무해한 발효의 부산물이다.

파스퇴르는 포도주의 주석산tartaric acid이 왼손과 오른손처럼 서로 모양은 같지만 포개지지 않는 두 형태가 섞여 있음을 발견했다. 사실 자연계에는 이런 거울상mirror image의 관계를 가진 화합물이 많이 존재한다. 흥미롭게도 이런 물질들은 물리적·화학적

---

* 1848년 2월 22일부터 24일까지 프랑스 파리를 중심으로 일어난 민중 운동과 의회 내 반대파의 운동으로, 루이 필리프의 왕정이 무너지고 공화정이 성립된 혁명이다.

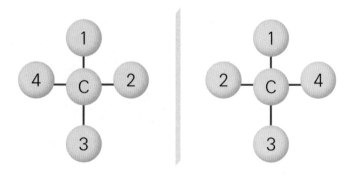

형태에 대하여 그것이 거울에 비춰진 상(像)과 같이 좌우가 바뀌어져 있는 상태를 '거울상'이라고 한다.

특성엔 차이가 없지만, 우리 몸에 들어오면 생리적으로 전혀 다르게 작용한다. 그래서 이런 물질들이 생명의 기원과 연관되어 있을 것으로 추정하고 있다. 어찌되었든, 탁월한 연구 성과 덕분에 파스퇴르는 1849년 스물일곱이라는 젊은 나이에 화학과 대학 교수로 임용되어 연구에 매진할 수 있었다. 그리고 어느 날, 그의 연구실 문을 두드린 한 양조업자가 있었으니, 그는 파스퇴르에게 새로운 도전 과제를 던져 주었다.

빚은 술을 오랫동안 보관하여 먼 곳에서도 팔고 싶었던 양조업자는 파스퇴르에게 포도주가 시간이 지나면서 시큼해지는 이유를 알아내 달라고 부탁했다. 이때까지 대부분의 과학자들은 공기가 포도주에 들어 있는 당분을 알코올로 전환한다고 믿었다. 그러나 파스퇴르는 공기가 없는 상태에서 효모라는 미생물이 당을 알코올로 전환한다는 것을 알아냈다. 우리가 익히 알고 있는 발효 과정이다. 또 다른 미생물 부류인 세균도 음식물을 시거나 부패하거나 발효시킨다. 공기(엄밀히 말하면 산소)가 있으면 세균은 알코올을 식초(초산)로 변환시킨다.

이제 포도주를 상하게 하는 주범을 찾아냈으니, 문제를 해결하는 방법도 간단해 보인다. 푹 끓이기. 상상해 보시라! 음주 운전의 걱정도 날려 버릴 무알코올 포도주의 맛을. 원치 않는 미생물을 없애려고 무턱대고 열을 가하면 빈대 잡겠다고 초가삼간을 태우는 격이 될 것이다. 따라서 열쇠는 포도주의 풍미는 유지하면서 변질을 유발하는 미생물을 죽일 만큼만 적절히 가열하는 것이겠고, 파스퇴르는 그 조건을 찾았다. 일명 파스퇴르법pasteurization*이라고 부르는 이 과정은 술이나 우유 등의 부패를 줄이고 유해 미생물을 제거하는 방법으로, 지금도 흔히 사용하고 있다. 이를 계기로 파스퇴르는 미생물에 대한 연구에 빠져든다.

1860년부터 파스퇴르는 세기를 넘기며 계속된 자연발생을 둘러싼 논쟁에 뛰어들었다. 사실 해결의 실마리를 제공한 사람은 독일의 피르호다. 그는 1858년에 펴낸 『세포 병리학』에서 '세포는 이미 존재하는, 살아있는 세포에서만 생길 수 있다'는 생물속생biogenesis을 주장했다. 그러나 아쉽게도 피르호는 생물속생 개념

---

* 섭씨 60도 정도에서 30분가량 가열 처리하는 방법으로 '저온살균법'이라고도 한다.

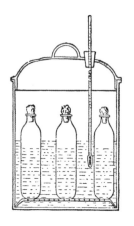

부분 살균을 위해 섭씨 60도 정도에서 30분가량 가열하는 저온살균법을 파스퇴르법이라고 한다.

을 설명할 수 있는 실험적 증거를 제시하지 못했다. 그리고 또다시 3년이 지나갔다. 1861년 파스퇴르는 마침내 간단하지만 기발한 아이디어로, 자연발생설(131쪽 참조)을 옹호하는 사람들이 고개를 숙이게 만들었다.

그는 공기 중에 있는 미생물이 멸균된 용액에 들어와 증식하는 것이지, 공기 자체가 미생물을 생성하는 것은 아님을 분명하게 보여 주었다. 먼저 플라스크에 고깃국을 채워 끓였다. 그 다음에 일부는 열어 둔 채로, 다른 일부는 뚜껑을 덮어서 식도록 놔두었다. 며칠이 지나 플라스크 안을 살펴보니, 미생물이 뚜껑을 덮지 않은 플라스크에서는 자랐지만, 입구를 막은 플라스크에는 전혀 생기지 않았다. 이렇게 스팔란차니의 실험(134쪽 참조)을 검증한 파스퇴르는 공기 속 미생물이 고깃국을 오염시키는 주범이라는 확신을 갖게 되었다.

그 다음으로 파스퇴르는 목이 긴 플라스크에 고기 국물을 넣고 목을 S자 모양으로 구부렸다(144쪽 그림 참조). 그러고 나서 이 플라스크에 있는 내용물을 끓였다가 식혔다. 이후 몇 달이 지나도 플라스크 안에서는 생명의 징후가 보이지 않았다. 파스퇴르의 독창적인 실험 장치라 할 수 있는 '백조목 플라스크swan-neck flask'의 핵심은, 플라스크의 구부러진 목 부위로 공기는 자유롭게 드나들어도 공기 중 미생물은 그럴 수 없다는 점이다. 다시 말해서 공기는 확산되지만 미생물은 중력을 거슬러 올라갈 수 없다는 점을 이용한 것이다.

하찮아 보이는 미생물도 신비로운 힘에서 기원하는 것이 아님이 명확해졌다. 오히려 맨눈에 보이지 않아 자연발생처럼 보였던 생물의 출현을 공기나 그 환경 자체에 이미 존재했던 미생물 탓으로 돌릴 수 있게 되었다. 이렇게 자연발생설은 폐기되었고, 200년간의 논쟁도 드디어 끝이 났다.

얼마 후 파스퇴르는 그 공로를 인정받아 나폴레옹 3세를 배알하는 영광을 안았다. 황제와 만난 자리에서 그는 병을 일으키는 미생물을 발견하는 것이 자신의 꿈이라고 말했다고 한다. 전염병으로 아홉 살 난 큰 딸을 잃은 아버지였기에 그리 말했으리라 싶다.

파스퇴르의 나라 사랑은 이루 말할 수 없을 정도로 컸다. 1870년

① 목이 긴 플라스크에
고기 국물을 담는다.

② 플라스크의 목을 가열하여
S자 모양으로 구부린 다음에,
고기 국물을 충분히 끓인다.

국물에 미생물이 존재함

국물에 있던 미생물이
모두 죽음

③ 국물이 식고 오랜 시간이 지나도
미생물은 나타나지 않는다.

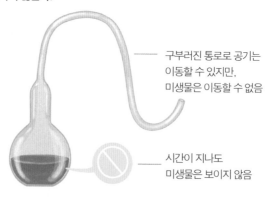

구부러진 통로로 공기는
이동할 수 있지만,
미생물은 이동할 수 없음

시간이 지나도
미생물은 보이지 않음

〈파스퇴르의 백조목 플라스크 실험 과정〉

프랑스와 프로이센 사이에 전쟁이 발발했다. 프로이센 주도로 통일 독일을 이룩하려는 비스마르크의 정책과 그것을 저지하려는 나폴레옹 3세의 정책이 충돌해 '프로이센·프랑스 전쟁'이 일어난 것이다. 파스퇴르는 쉰 살을 바라보는 나이에도 입대를 지원했으나, 거부당했다. 그 이유는 나이가 아니라 1868년에 맞은 뇌졸중의 후유증으로 인한 장애 때문이었다.

파스퇴르의 간절한 바람과는 반대로 프랑스는 전쟁에서 패했고, 독일에 거액의 배상금까지 지불해야 했다. 전쟁 이듬해인 1871년 1월, 파스퇴르는 3년 전 프로이센의 본Bonn대학에서 받은 의학박사 학위를 반납하며 "과학에는 국경이 없지만, 과학자에게는 조국이 있다"라는 유명한 말을 남겼다. 그리고 그동안 접어 두었던 맥주 연구를 재개했다고 한다. 그 이유는 간단명료하다. 독일산보다 더 맛 좋은 프랑스 맥주를 만들기 위해서! 파스퇴르가 맥주 연구에 성공했는지는 여러분의 판단에 맡긴다.

병원성 미생물을 발견한 코흐

프로이센 · 프랑스 전쟁이 일어나자 시골에 있던 30대 후반의 프로이센 의사도 군의관으로 참전했다. 그는 바로 로베르트 코흐Robert Koch, 1843~1910다. 코흐는 1866년 의학박사 학위를 받은 다음, 그 유명한 피르호 밑에서 수학한 수재였다. 그는 조국이 전쟁에 승리하자 다시 본연의 모습으로 돌아와 시골 의사로서 조용한 삶을 이어갔다. 환자가 없을 때는 아내가 선물한 현미경을 들여다보며 여가를 보냈다고 하는데, 그때만 해도 이런 취미활동이 자신을 노벨상으로 이끌 줄은 상상도 못했을 것이다.

코흐가 현미경으로 무료함을 달래고 있을 무렵에 유럽 각지에서는 탄저병이 유행하고 있었다. 소와 말, 양 같은 가축이 탄저병에 걸리면 하루를 버티지 못하고 쓰러졌고, 이따금 사람들도 감염되어 목숨을 잃었다. 이때까지만 해도 대부분의 사람들이 질병을 개인이 저지른 죄악의 대가로 받는 천벌쯤으로 여겼다. 심지어한 동네에서 환자들이 갑자기 많이 생기면, 악마가 시궁창이나 습지에서 악취의 형태로 나와서 병을 일으킨다고 믿을 정도였다.

하지만 파스퇴르를 위시한 선각자들은 눈에 보이지 않는 미생물이 질병을 일으킨다는 주장을 했다. 그들 가운데 코흐도 있었다. 사실 코흐는 당시 탄저병의 원인을 밝히는 경쟁에서 프랑스

로베르트 코흐

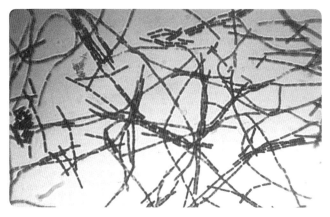
막대 모양의 탄저균

의 파스퇴르와 라이벌 관계에 있었다.

1876년, 탄저병으로 죽은 가축의 피에서 막대 모양의 세균(탄저균, *Bacillus anthracis*)을 발견한 코흐는, 그 이듬해에 이 막대균이 탄저병에 걸린 동물의 혈액에서는 항상 관찰되지만 건강한 동물의 혈액에는 없다는 사실을 알아냈다. 그러나 특정 세균의 존재는 그 병으로 인한 결과일 수도 있기 때문에, 이것만으로 세균이 질병의 원인이라고 단정할 수 없는 노릇이었다. 그래서 그는 한 걸음 더 나아간 실험을 했다. 탄저병에 걸려 죽은 동물의 피를 뽑아서 건강한 동물에 주사한 것이다.

코흐의 예상대로 그 동물은 탄저병으로 죽었다. 그는 이 실험을 여러 번 반복했고, 항상 같은 결과를 얻었다. 과학적 증명의 타당성을 판단하는 가장 중요한 기준 가운데 하나가 해당 실험 결과

10. 미생물학의 세 남자 이야기

의 반복성(재현성)이다. 여기서 그치지 않고 코흐는 병들어 죽은 동물의 피에 있는 막대균을 동물의 몸이 아닌 인공 배지에서 여러 세대에 걸쳐 키우는 데 성공하였고, 이렇게 배양된 세균이 여전히 동일한 탄저병을 일으킨다는 것을 증명했다.

코흐가 발견한 내용을 정리해 보면 특정 질병에 걸린 모든 동물의 몸에서 동일한 병원체가 발견되어야 하고, 그 동물에서 원인 미생물을 분리하여 순수하게 키울 수 있어야 하며, 이렇게 자란 미생물을 건강한 실험동물에 주입하면 같은 질병을 일으켜야 하고, 그 미생물이 감염된 실험동물에서 다시 분리되어야 한다는 것이다. 이를 '코흐 원칙Koch's postulates'이라고 부르는데, 전염병의 원인을 밝히는 연구의 기본 틀이 되었다. 세균학의 기틀을 다진 코흐는 1905년에 노벨 생리의학상을 수상했다.

코흐 원칙을 모든 전염병에 그대로 적용할 수 있는 것은 아니다. 많은 병원성 미생물은 아주 까다로운 조건을 맞춰 주어야만 자란다. 어떤 것들은 아예 인공 배지에서는 자라지 않는다. 대표적으로 맹독성의 매독균과 한센병(나병)의 원인균 등이 이런 부류에 속한다. 또한 절대기생성 세균류와 바이러스 병원체들도 숙주 세포 내에서만 증식하기 때문에 인공 배지에서 키울 수 없다.

병원성 미생물의 배양이 어렵다는 것은 무척이나 다행스러운 일이다. 키우기 쉽다는 것은 아무 데에서나 잘 자랄 수 있다는 얘기니까 말이다. 무심코 뱉은 침 속에 있는 병원균이 길바닥에서 마구

① 병에 걸려 죽은 동물에 원인 병원체가 있다.

② 그 병원체를 분리하여 배지에서 순수하게 배양한다.

③ 순수 배양한 병원체를 건강한 실험동물에 주입한다.

④ 실험동물도 ①의 동물과 같은 병으로 죽는다.

⑤ 실험동물에서 병원체를 분리하여 순수하게 배양한다.

병든 동물에서 분리한 병원체가 실험동물에서도 같은 질병을 일으켰다.

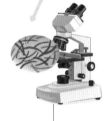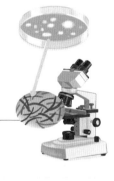

〈코흐의 실험 과정〉

자란다면…… 생각만 해도 소름이 끼친다. 또한 일부 전염병은 몇 가지 다른 병원체에 의해 생길 수 있으며, 그 증상도 별 차이가 없다. 하지만 이런 몇 가지 예외적인 경우만을 제외하고, 코흐 원칙은 오늘날에도 역학 조사에서 중요한 길잡이가 되고 있다.

코흐의 위대한 연구 성과가 세상에 알려지는 과정은 마치 영화의 한 장면을 보는 듯하다(실제로 코흐는 그 삶이 영화로 만들어진 최초의 미생물학자다). 소박한 시골 의사로 지내던 코흐가 학회에 연이 닿을 리 없었다. 그는 자신의 실험 결과를 가지고 옛 대학의 은사를 찾아갔다. 설명을 듣던 노^老 교수는 코흐가 정말 대단한 발견을 했음을 대번에 알아채고, 동료 교수들과 학생들을 불렀다. 그 가운데에는 30여 년 후에 인류를 매독에서 구해낼 묘약을 만들어내는 또 한 명의 걸출한 사나이가 있었다. 바로 파울 에를리히라는 의사인데, 다음 장에서 자세히 다루겠다.

1939년에 개봉된 영화 〈로버트 코흐, 죽음의 퇴치자〉는 그를 시골 의사에서 군의관으로 참전하여 공을 세우고, 이후 뛰어난 연구 성과를 거두어 마침내 노벨 생리의학상을 수상하는 국민 영웅으로 그려낸다. 탄저병과 결핵 등 오랫동안 수많은 사람의 목숨을 앗아간 질병의 원인 병원체를 규명해서 치료의 길을 연 공로를 생각하면 '죽음의 퇴치자'라는 별칭은 코흐에게 잘 어울린다. 안타까운 점은 파스퇴르와 더불어 현대 미생물학의 토대를 완성하고 질병에서 인류를 구원하는 길을 닦은 이 위대한 학자의 이야기가 나치의 프로파간다 소재로 쓰였다는 것이다.

독일의 시골의사가 탄저병의 원인균을 밝혀내고 '미생물 병원설'을 입증했다는 소식은 세상을 놀라게 했다. 특히 당시 세균학 분야의 제1인자로 꼽히던 파스퇴르에게는 그 놀라움이 분노로 바뀔 지경이었다. 이미 15년 전에 황제 앞에서 공언했던 자신의 꿈을 자기보다 무려 스물한 살이나 어린, 게다가 독일인이 먼저 이루어 버렸으니 그 심정이 어떠했을지 짐작이 된다. 와신상담한 파스퇴르는 탄저병 치료 연구에 몰두하여 1881년 마침내 탄저병 백신을 개발함으로써 무너진 자존심을 세웠다.

냉정하게 돌이켜보면, 혁명과 전쟁으로 얼룩진 혼란의 시기에 두 적대국에 속한 과학자들의 치열한 경쟁이 인류를 전염병에서 구하는 원동력이 되었다. 파스퇴르의 말대로 과학에는 국경이 없다.

세기를 넘나드는 미생물학자의 대결

두발걷기를 시작한 인류의 육체적 능력은 보잘것없었다. 동의하기 어렵다면 알몸에 맨손으로 야생에서 동물과 대결하는 자신을 상상해 보기 바란다. 혈혈단신 맨몸의 인간은 나약하기 짝이 없는 동물이다. 그럼에도 우리는 자연계에서 천적들과의 싸움을 모두 승리로 이끌었다. 자유로운 손놀림과 명석한 두뇌, 그리고 협동을 통해 무시무시한 맹수들까지 거뜬히 물리치고 지구 생태계의 왕좌를 차지했다. 물론 그렇다고 해서 평화가 찾아온 것은 아니다.

인류는 더 좋은 삶의 터전을 확보하기 위해서 자기들끼리 다투기 시작했다. 승리한 집단은 식량과 가축, 노예 등을 전리품으로 얻었다. 무엇보다도 승자가 만끽하는 만족감과 성취감은 이루 말할 수 없이 달콤했을 것이다. 반대로 패자는 굴욕과 고통 속에 복수심을 불태웠을 테고. 이렇게 해서 인류는 전쟁이라는 굴레에 말려들게 되었다. 인간들은 싸우고 또 싸웠다. '인류의 역사는 곧 전쟁의 역사'라는 말이 나올 정도로 말이다.

이처럼 싸움에는 이골이 난 인류에게 미생물이라는 새로운 적이 등장한다. 엄밀히 말하면 새로운 상대는 아니다. 인류의 기원부터 늘 곁에 있어 왔지만, 우리가 몰랐던 탓에 일방적으로 당하기만 했다. 이들은 눈에 보이지 않는다. 때문에 이들과 맞서기 위해서는 이제까지와 다른 싸움의 기술이 필요하다.

에를리히의 면역 이론

코흐가 옛 은사의 연구실에서 탄저병의 인과 관계를 설명하던 자리에 에를리히Paul Ehrlich, 1854~1915라는 비범한 의대생이 있었다. 그는 한 가지 세균이 하나의 특정 질병을 일으킨다는 코흐의 말에 온통 사로잡혀 있었다. 코흐가 결핵균을 발견하자 에를리히는 병원균 사냥에 나서기로 결심하

실험실에서 있는 파울 에를리히

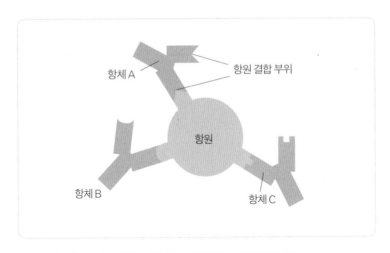

항체 A

항원 결합 부위

항원

항체 B

항체 C

열쇠와 자물쇠의 관계처럼 항원과 항체도 모양이 맞는 것끼리 결합한다.

고, 1891년 코흐가 책임자로 있는 연구소에 합류했다. 본시 마음이 약해서 환자의 고통스러워 하는 모습과 비명 소리에 힘들어 했던 에를리히에게는 부담을 덜고 의술을 펼칠 수 있는 기회를 잡았다고 볼 수도 있다.

의대 시절부터 에를리히는 동물 조직 염색에 남다른 관심을 가지고 있었다. 염료의 종류에 따라 염색되는 생체 부위가 달랐기 때문이다. 그는 이런 현상을 이용하여 코흐가 발견한 결핵균의 염색법을 개선했고, 특정 분자가 세포의 특정 수용체에 결합한다는 주장을 펼쳤다. 이런 '열쇠-자물쇠' 논리는 면역학의 기초를 이루는 항원-항체 결합의 원리로 발전했다. 이 과정에서 에를리히는 러시아 과학자와 숙명적(?) 대결을 펼쳐졌는데, 이는 마치 파스퇴르와 코흐의 대리전 양상을 띠기도 했다.

메치니코프의 면역 이론

1845년 러시아 땅(현재 우크라이나 영토)에서 태어난 메치니코프는 생물에 대한 남다른 관심과 명석한 머리 덕분에 열일곱 살에 그 지역 대학의 자연과학부에 입학했다. 그러고는 단 2년 만에 대학 공부를 마치고 독일로 가서 동물학을 연구했으며, 1870년 스물다섯이라는 젊은 나이에 오데사(현재 우크라이나 남부에 위치한 도시)대학 교수가 되었다.

그러나 승승장구하는 과학자 메치니코프와 다르게 자연인 메치니코프는 큰 시련을 겪고 있었다. 교수가 되기 1년 전에 결혼한 그는 폐결핵에 걸린 아내를 극진히 돌봤지만, 아내는 1873년에 끝내 유명을 달리했다. 설상가상으로 병간호에 혼신을 다하던 메치니코프의 몸도 나날이 쇠약해져 갔다. 지병이던 안眼질환이 악화되더니, 아내와의 사별 충격으로 실명의 위기까지 이르렀다. 비관한 메치니코프는 극단적인 선택을 했다. 그러나 인명은 재천이라는 듯이 메치니코프는 너무 많은 약물을 먹어 오히려 구토 증상으로 죽음을 면했다. 이후 심신을 추스른 메치니코프는 본연의 모습으로 돌아왔고, 얼마 후 열네 살이나 어린 부잣집 딸이 그에게 반

엘리 메치니코프

해 1875년에 가정을 다시 꾸려 제2의 인생을 살았다.

1882년에 메치니코프는 다시 유럽행을 결심한다. 알렉산더 2세가 암살되면서 국내 정치 상황이 혼란스러워지자 더 이상 연구를 할 수 없겠다고 판단했기 때문이다. 또한 처가의 재력도 노벨상으로 다가가는 연구년(?)을 가능케 했다. 그는 이탈리아 시실리섬에 거처를 잡고 불가사리의 먹이 소화 과정을 연구했다. 그러던 어느 날, 메치니코프는 불가사리 유충에 주입한 붉은색 염료가 흔적도 없이 사라지는 현상을 발견했다. 곧이어 그는 특정 세포가 염료를 먹어 치운다는 사실을 알아냈다. 여기서 그치지 않고, 생각을 발전시켜 이런 세포가 몸 안에 들어온 유해한 세균도 삼켜 버린다는 면역 이론을 펼쳤다. 그는 이런 세포를 '식세포*'라고 불렀다.

여행지에서 올린 뜻밖의 연구 성과에 힘입어 메치니코프는 1886년, 러시아의 오데사에 세워진 세균학연구소 초대 연구소장

---

* phagocyte. 각각 '먹다'와 '세포'를 뜻하는 그리스어 'phagein'과 'cyte'를 합친 말이다.

으로 임명되었다. 이 연구소에서는 파스퇴르가 막 개발한 광견병 백신을 환자들에게 접종하고 있었는데, 훗날 파스퇴르와의 운명적 만남은 이렇게 시작되었다. 메치니코프는 자신의 월급까지 고스란히 연구비로 쓰면서 조국 러시아의 과학 발전에 헌신했지만, 부패한 관료주의와 그를 시기하는 패거리의 비방과 헐뜯음에 염증을 느껴 1년 만에 소장직을 그만두고 또 다시 유럽으로 향했다. 당초 독일에서 자리를 잡고자 했지만, 에를리히의 면역 이론에 맞서는 주장을 펼치는 메치니코프를 독일 과학계가 반길리 만무했다. 당시 독일 학자들은 침입 세균에 대한 면역의 주인공은 식세포가 아니라 혈청**이라고 역설하며, 메치니코프에게 십자포화를 퍼부었다.

마음에 큰 상처를 받은 메치니코프는 프랑스 파리의 파스퇴르연구소를 찾았고, 파스퇴르는 상심한 그를 따뜻하게 맞았다. 거인의 환대에 감동한 그는 연구소에서 무보수로 일하겠다고 했고, 파스퇴르는 흔쾌히 수락해 새로 실험실까지 만들어 그에게 맡겼다. 그뿐만 아니라 파스퇴르는 1895년에 세상을 떠나면서 메치니코프에게 파스퇴르연구소 소장 자리도 물려주었다. 메치니코프도 평생 파스퇴르의 은혜를 잊지 않았고, 1916년 세상을 떠날 때까지 28년 동안 파스퇴르연구소에 헌신했다. 추측건대, 프로이센·프랑스 전

** 혈액에서 적혈구와 백혈구, 혈소판 등의 세포 성분을 제거한 액체 성분.

1900년대 초반 파리의 파스퇴르연구소 실험실

쟁 패배 후, 독일과의 과학적 경쟁에서만은 반드시 승리하겠다는 결의를 다지고 있던 파스퇴르에게 독일 과학자, 그것도 코흐의 제자에게 맞서는 메치니코프는 든든한 지원군이었을 것이다. 게다가 두 사람 모두 감염병으로 사랑하는 이를 잃은 아픔이 있었기에 동병상련의 정情도 통했을 것이다.

선천성 면역과 후천성 면역

뉴스에 연일 오르내리는 각종 사건사고 뉴스를 보면서 세상살이가 만만치 않다는 것을 다시금 절감한다. 도처에 위험이 도사리고 있으니 말이다. 그런데 눈에 보이는 게 다가 아니다. 각종 병원 균들 또한 우리를 노리고 있다. 눈에 안 보이는 이런 작은 침입자들에게 우리 몸이 무방비로 노출된다면 우리는 병치레만 하다가 세상을 떠날 것이다. 그러나 다행스럽게도 우리 몸은 이들과 맞설 수 있는 강력한 다중 방어 체계, 즉 '면역계'를 갖추고 있다. 그리고 보통 면역 반응이 일어나는 곳은 혈액이다.

면역에는 크게 두 가지가 있다. '선천성 면역'은 태어나면서부터 이미 가지고 있는 방어 체계다. 건물의 무인경보시스템처럼 선천성 면역은 항상 감시 활동을 하면서 신속히 대응한다. 이 방어 체계가 특정 침입자를 인식하거나 기억하는 것은 아니기 때문에 동일범이 재차 들어와도 더 신속하고 강하게 반응하지 않는다. 간혹 길을 가다가 불량배를 만날 수 있는 것처럼 혈액도 온몸을 돌아다니다 보면 우리 몸에 침입한 병원체들과 마주치게 된다. 이때 일차적으로 백혈구가 나서서 식균 작용을 통해 침입자들을 물리친다. 메치니코프가 발견한 면역 반응이다.

선천성 면역의 방어가 뚫리면 '후천성 면역'이 나선다. 후천성 면역은 선천성 면역보다 많이 느리지만 확실히 기억한다. 따라서 특정 침입자에게 특이적으로 반응하며, 다시 만나면 훨씬 더 빠르고 강하게 응징한다. 이런 맞춤형 반응은 식세포가 침입자를 파괴해서 정보를 제공하기 때문에 가능한 것이다. 후천성 면역은 다시 '세포성 면역'과 '체액성 면역'으로 나눌 수 있다. 세포성 면역은 감

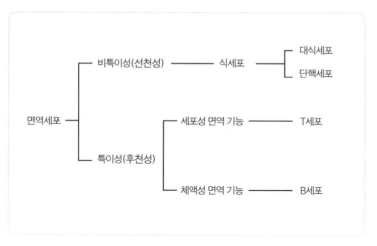

〈면역의 분류〉

염된 세포 자체를 직접 공격하여 파괴하는 방식이다. 체액성 면역
은 흔히 면역 반응으로 알려진 항원-항체 반응이다. 에를리히가
주장한 면역 반응이다.

　메치니코프와 에를리히 모두 자신들의 연구 성과를 인정받아
1908년에 노벨 생리의학상을 공동 수상했다. 전해지는 바로는, 두
사람 모두 공동 수상에 대해 불만이었다고 한다. 팽팽한 맞수인 코
흐와 파스퇴르의 제자들이 서로 자기의 업적이 더 중요하다고 생
각했기 때문이다. 오늘날 면역학 용어로 설명하면 메치니코프는
'선천성 면역'을, 에를리히는 '후천성 면역'을 보고 있었던 것이다.
어쨌든, 서로에게만은 지기 싫었던 두 연구자 덕분에 면역이라는
새로운 생명 현상이 밝혀지게 되었다. 언젠가 본 듯한 상황이다. 노

벨상 수상 이후, 두 사람은 각자 또 다른 분야에서 위대한 유산을 남겼다. 메치니코프는 장내미생물의 중요성을 역설하며 '노인학 gerontology'이라는 새로운 학문 분야를 개척했다. 에를리히는 병원 균을 선택적으로 죽일 수 있는 약품을 최초로 합성했는데, 이에 대해서는 다음 장에서 자세히 다루겠다.

606번의 실험 끝에
매독균을 잡은 과학자

'특정 조직만 착색하는 염색약이 있다면, 인체 조직에는 전혀 결합하지 않고 미생물에만 달라붙는 것도 있지 않을까?'

조직 염색에 대해 연구하던 에를리히의 머릿속에 갑자기 떠오른 생각이다. 이 질문을 시작으로 에를리히는 환자에게는 해가 없고 병원균만을 죽일 수 있는 '마법 탄환magic bullet'에 대해 골몰했다고 한다.

1896년부터 독립적으로 연구소를 운영하면서 에를리히는 여러 염료가 말라리아 병원체를 비롯한 기생체에 미치는 영향을 조사했다. 그러던 중 1906년, 영국 리버풀의과대학에서 '아톡실Atoxyl'이라는 염색약이 아프리카 수면병을 일으키는 기생충 트리파노소마*에 감염된 실험동물을 치료하는 데 효과가 있다는 논

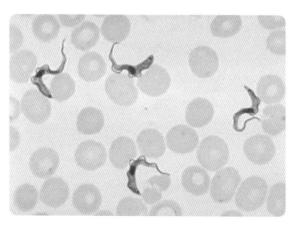
기생충 트리파노소마

문을 읽게 된다. 하지만 비소^{**}가 들어 있는 이 화합물은 시신경을 손상시켜 환자의 눈을 멀게 할 수 있어서 치료약으로 쓸 수가 없었다.

인체 독성 없이 기생충만을 죽일 수 있는 화합물을 만들어내기로 결심한 에를리히는 밤낮없이 연구에 몰두했다. 대상 화합물을 하나씩 합성하여 일일이 효과를 조사했고, 드디어 400하고도 18번을 거듭한 후에 1907년 원하던 물질을 얻어내는 듯했다. 그러나 애석하게도 이 집념과 노력의 '화합물 418'도 일부 환자에서 심각한

• trypanosoma. 원생동물의 한 종류로, 10~80마이크로미터 길이의 방추형 몸에 한 개의 편모가 있다.
•• Arsenic. 금속광택이 나는 결정성의 비금속 원소. 자연적으로는 황이나 금속과 결합한 상태로 존재하며, 그 화합물은 독성이 있다. 원자 기호는 As이다.

과민반응이 나타나 치료제로 사용할 수 없었다. 그럼에도 좌절하지 않고 에를리히는 연구를 계속했다.

605번째 화합물까지 고배를 마시고 나서, 1909년 마침내 최초의 마법 탄환, '화합물 606' 합성에 성공했다. 이 무렵에 아톡실이 매독 병원체에도 효과가 있다는 사실이 알려졌다. 에를리히는 매독에 걸린 토끼에 화합물 606을 주사했고, 놀라운 효과를 확인했다. 단 한 번의 주사로 매독균이 사라진 것이다. 같은 해, 큰 기대 속에 50명의 매독 말기 환자들에게 이 신약을 투여했다. 결과는 기쁨 그 자체였다.

매독의 등장

프랑스 왕 샤를 8세Charles VIII, 1470~1498가 이탈리아 나폴리를 침공했다 퇴각한 1495년 이후부터 10여 년 동안 유럽 전역으로 아주 혐오스러운 질병이 퍼져 나갔다. 이 질병에 걸린 환자들은 탈모와 피부 궤양, 마비 및 정신이상 증세 등을 보였다. 그런데 이 병을 이탈리아에서는 '프랑스 병'으로, 프랑스에서는 '이탈리아 병'으로 불렀다.

1530년에 의사이며 시인이고 점성술사였던 이탈리아인 프라카스토로*가 「시필리스 또는 프랑스 병Syphilis sive Morbus Gallicus」

이라는 제목의 라틴어 시를 발표했다. 이 시에는 그리스 신화에서 아폴로 신의 저주를 받아 괴질에 걸리는 양치기 소년 시필리스가 등장한다. 시인이 소년의 이름을 병명으로 택한 이유는 정확히 알 수 없다. 다만 그리스어 sys(돼지)와 philos(사랑함)가 합쳐진 이름을 라틴어로 옮긴 것이 syphilis(시필리스)임을 감안하면, 음란한 짓의 결과임을 암시하려는 의도라는 생각이 들기도 한다. 아무튼 이렇게 해서 syphilis(매독)라는 병명이 생겨났다.

기본적으로 매독은 성적 접촉으로 전염된다. 3단계로 진행되는데, 각 단계마다 증상이 다르다. 1기 매독은 감염되고 평균 3주 정도 안에 성적 접촉이 있었던 부위에 피부 궤양이 나타난다. 궤양은 통증도 없고 한 달 정도면 저절로 없어진다. 하지만 이 기간 동안 매독균은 혈액과 림프로 들어가 온몸으로 퍼져 나간다. 감염 후 서너 달이 지나면 2기로 진입하는데, 이때부터는 피부 발진이 나타나면서 탈모와 피로감이 동반한다. 이런 증상은 보통 3개월 안에 없어진다. 1,2기의 매독은 전염성이 높다.

매독균은 '절대 기생체'다. 다시 말해서 생존에 필요한 여러 물질을 숙주에서 얻어야 하기 때문에 숙주 밖에서는 살 수가 없다. 우리 입장에서는 다행이다. 무분별한 성행위만 하지 않으면 일단 매독 감염의 위험을 피할 수 있기 때문이다. 1,2기가 지나면 매독은 잠

• Girolamo Fracastoro, 1478~1553. 그는 1546년에 이미 질병감염설을 논리적으로 주장했는데, 훗날 파스퇴르와 코흐가 이를 입증했다.

복기로 들어간다. 이 단계에서는 증상도 없고, 감염된 산모에서 태아로의 전염을 제외하면 전염성도 없다. 심지어 환자 대부분은 치료 없이도 잠복기 이상으로 진행되지 않는다. 잠복기 동안 치료를 받지 않은 사람 중 약 3분의 1은 말기 매독으로 접어들게 된다. 말기 매독은 주로 신경계(뇌)와 심혈관계에 심각한 문제를 일으킨다.

인간의 가장 원초적 욕망을 건드린 미생물

매독은 신의 저주나 징벌이 아니다. 트레포네마 팔리덤*Treponema pallidum*이라는 나선형 세균이 일으키는 전염병이다. '꼬인 실'과 '희미하다'는 그리스어에서 유래한 이름대로 이 세균은 가는 코일 형태이고, 일반적인 방법으로는 잘 염색되지 않는다. 매독균은 천천히 몸을 굽혔다가 펴면서 앞뒤로 운동하거나 나선 모양으로 회전운동을 한다. 비유해 말하면, 포도주 병따개가 코르크 마개를 파고드는 방식으로 움직인다. 이 덕분에 조직 침투가 용이하고 끈적한 조직액을 쉽게 헤엄쳐 다닐 수 있다. 이는 매독균 세포를 감싸고 있는 편모 덕분에 가능하다. 이 편모가 수축하면 나선형 세균이 회전하게 된다.

트레포네마 팔리덤은 인간의 가장 원초적이고 은밀한 욕망, 성욕에 편승하여 살아가는 데에 최적화되어 있다. 우선 이 세균은 독

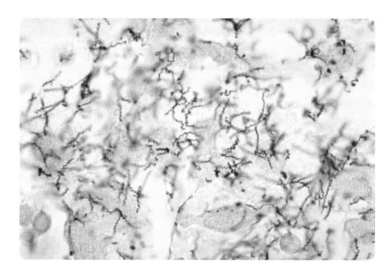

트레포네마 팔리덤 무리

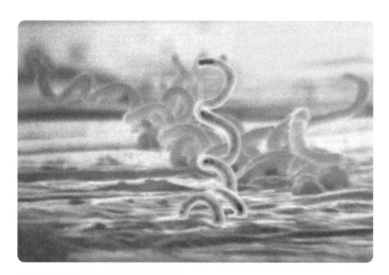

세포를 뚫고 들어가는 트레포네마 팔리덤

12. 606번의 실험 끝에 매독균을 잡은 과학자

소와 같은 유해 물질을 만들지 않는다. 대신 염증 반응을 일으키는 다양한 단백질을 생산해서 조직을 천천히 파괴시키도록 만든다. 그렇기 때문에 전염성이 강한 시기에도 보균자는 정상 생활을 할 수 있다. 심지어 매독균은 감염된 숙주의 성적 충동을 자극하여 숙주(인간)가 더 자주 성행위를 하게 만든다. 그러면 그만큼 자신들이 번식할 기회가 많아지기 때문이다. 또한 감염과 거의 동시에 빠르게 혈류로 들어가 더 많은 조직으로 퍼져 나간다.

매독균에 명중한 에를리히의 실험

화합물 606은 '살바르산salvarsan'이라고도 불린다. '사람을 구한다'는 뜻의 'salvation'과 '비소'를 뜻하는 'arsenic'을 합친 합성어다. 한순간 쾌락의 대가로 받았던 잔혹한 형벌에서 환자를 구해 냈기 때문이다. 그러나 살바르산 사용이 확산되면서 부작용 사례가 늘어나자 에를리히에게 가시 돋친 비난이 쏟아졌다. 매독을 부도덕함과 문란함에 대한 신의 징벌이라고 여겨, 치료제 개발 자체를 반대했던 사람들의 비난은 더욱 거셌다.

비난을 하는 사람들 중에는 노벨상 공동 수상자인 메치니코프도 있었다. 하지만 여기에 굴복할 에를리히가 아니었다. 그는 부작용의 원인을 규명하여 1912년 '화합물 912', 이른바 네오살바르산

606번의 실험 끝에 '살바르산'을 개발한 에를리히

neosalvarsan을 기어코 만들어냈다. 이 마법의 탄환은 전 세계로 퍼져 나가 수많은 사람을 구했으며, 1940년대에 신무기가 나오기 전까지 병원균과의 싸움에서 그 위력을 발휘했다.

1821년 독일 베를린에서 〈마탄의 사수*〉라는 오페라가 초연되었다. 사랑하는 여인과 결혼하기 위해서는 사격 대회에서 우승해야만 하는 사냥꾼의 순애보를 다룬 작품이다. 주인공은 나쁜 친구의 간교한 술수에 빠져 악마에게 영혼을 팔고, 겨눈 것을 모두 맞힐 수 있는 마법의 탄환, 줄여서 마탄魔彈 7발을 받는다. 사격 대회

• 작곡가 베버(Carl Maria von Weber, 1786~1826)가 독일 민담을 바탕으로 만든 오페라의 제목이다.

에서 백발백중이지만, 마지막 총알의 희생자가 그 여인이라는 흉계를 모른 채 말이다. 다행히 탄환은 음모를 꾸민 친구에게 극적으로 명중한다.

오페라의 주인공은 악마가 하룻밤 만에 만들어 준 마법의 탄환을 썼다. 현실 속 에를리히는 수년에 걸친 각고의 노력 끝에 자신이 만든 과학의 탄환으로 매독균을 정확히 맞혔다. 에를리히야말로 진정한 '마탄의 사수'가 아닐까?

나쁜 미생물은 착한 미생물이 막는다

20세기에 접어들자 유럽에는 엄청난 전쟁의 회오리가 몰아쳤다. 미생물과의 전쟁 신호탄이 발사되고 몇 해 지나지 않아 인류 역사상 가장 큰 전쟁이 연이어 일어났다. 역설적으로 수많은 인명을 앗아간 참혹한 전쟁이 보이지 않는 적, 병원성 미생물의 공격에서 인류를 구하는 데에 큰 기여를 했다.

제1차 세계 대전이 터지자, 독일 의대생이던 도마크Gerhard Johannes Paul Domagk, 1895~1964는 의무병으로 참전한다. 그는 전장에서 많은 사람들이 감염성 질병으로 죽어가는 것을 목격하고, 전쟁이 끝나면 병원균과의 또 다른 전쟁에 뛰어들겠다고 결심한다. 그리고 종전 후 일상으로 돌아온 도마크는 의대 교수가 되어 에를리히처럼 여러 염료를 대상으로 병원균만 죽이는 마법 탄환을 찾기 시작했다.

새로운 화학 요법제

더 나은 연구 환경을 찾아 대학에서 제약회사로 자리를 옮기는 등 우여곡절 끝에, 1927년 도마크는 '프론토질 레드Prontosil Red'라는 염료가 포도상구균(188쪽 참조)에 감염된 실험용 쥐를 치료하는

데 효과적임을 발견했다. 그런데 이상하게도 시험관에서 배양한 세균에 대해서는 별 효과가 없었다. 얼마 지나지 않아 도마크는 이 염료가 생체 내에서 설폰아마이드Sulfanilamide로 변환되어야 항균 효과가 나타난다는 사실을 알아냄으로써, 새로운 마법 탄환 '설파제' 개발의 주추를 놓았다. 설파제는 세균의 대사 활동에 필수적인 한 종류의 비타민과 구조

게르하르트 도마크

가 유사한 화합물이다. 따라서 비타민이 들어갈 자리에 설파제가 들어가면 해당 대사 반응들이 방해를 받아 세균의 성장이 억제된

다. 최초의 설파제 의약품 '프론토질Prontosil'은 1935년에 발매되었다. 비슷한 시기에 바다 건너 영국에서는 군의관으로 참전했던 의사가 특성이 근본적으로 다른 마법 탄환을 발견해 가고 있었다.

행운의 푸른곰팡이

제1차 세계 대전 중 야전병원에서 부상 장병을 치료하던 플레밍Alexander Fleming, 1881~1955은 의사로서 큰 한계를 느꼈다. 상처 부위를 소독하거나 수술하는 등 자신이 할 수 있는 것을 다해도 부상자들이 좀처럼 낫지 않았기 때문이다. 물론 치료에 사용한 소독약이 세균뿐 아니라 백혈구에도 치명적이라는 사실을 알아내긴 했지만, 그렇다고 뾰족한 수가 생기지는 않았다.

1918년, 전쟁이 끝나고 연구실로 돌아온 플레밍은 전장에서의 아픈 기억을 가슴에 묻고 다양한 물질을 대상으로 마법 탄환을 찾는 데 몰두했다. 4년 뒤, 그는 눈물과 콧물, 침과 같은 체액에서 세균을 파괴하는 단백질을 발견하고, '라이소자임lysozyme'이라고 명명했다. 'Lysozyme'은 '분해하다'는 뜻의 접두사 'lyso-'와 '효소'를 뜻하는 접미사 '-enzyme'를 합친 용어다. 이 효소는 세균의 세포벽을 분해하지만, 단백질이라는 특성상 안정성과 활성 조건이 제한적이어서 치료제로는 개발할 수 없었다.

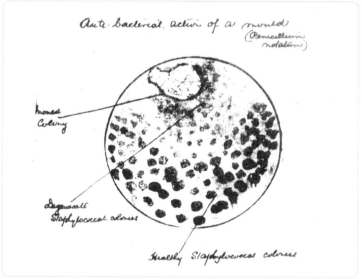

Anti-bacterial action of a mould
(Penicillium notatum)

mould Colony

Degenerate Staphylococcal colonies

Healthy Staphylococcal colonies

알렉산더 플레밍(위)과 1944년경 그가 그린 푸른곰팡이 배양 접시(아래)

3부 인간의 미생물 탐험은 끝이 없다

다시 6년이라는 각고의 시간이 지난 1928년 어느 날, 휴가에서 돌아온 플레밍에게 행운의 곰팡이가 찾아왔다. 포도상구균을 키우던 배양 접시에 푸른곰팡이가 오염되었는데, 그 주변에 있던 세균들은 모두 죽어버린 것이었다. 플레밍은 이 곰팡이가 세균을 죽이는 물질을 분비할 것이라는 사실을 직감하고, 이것의 정제를 시도했다.

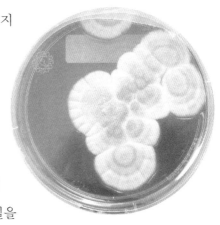

고체 배지에서 자라고 있는 푸른 곰팡이(*Penicillium notatum*)

이 살균 물질이 불안정한 탓에 순수 분리에는 성공하지 못했지만, 이 곰팡이 물질에 페니실린penicillin이라는 이름을 붙여 이듬해 학술지에 발표했다. 푸른곰팡이는 페니실륨Penicillium 속*에 속한다. 이들 중에는 인간에게 유해한 종들도 많은데, 운 좋게도 플레밍에게는 복덩이**가 찾아왔다. 그리고 늘 마법의 탄환만 골몰하던 그였기에 이런 행운을 놓치지 않았다. "기회는 준비된 사람에게 찾아온다"라는 파스퇴르의 말이 떠오르는 대목이다.

• 屬. 생물 분류의 한 단위. 과(科)와 종(種)의 사이를 가리킨다(26쪽 참조).
•• 나중에 푸른곰팡이 가운데 드문 종인 페니실륨 노타툼(*Penicillium notatum*)으로 판명되었다.

페니실린의 대량 생산

플레밍의 페니실린이 곧바로 치료제로 사용된 것으로 알고 있는 사람들이 많은데, 사실은 그렇지 않다. 1945년 노벨 생리의학상은 플레밍과 함께 두 명의 과학자가 공동 수상을 했다. 그중 한 명인 체인Ernst Chain, 1906~1979은 베를린에서 태어나 독일에서 대학까지 마쳤다. 나치가 권력을 잡자, 유대인이라는 이유로 신변의 위협을 느껴 영국으로 이주했다. 영국에서 박사 학위를 따고, 1935년에는 옥스퍼드대학 병리학 강사로 임용되었다. 이 때 병리학 교실의 주임인 플로리Howard Florey, 1898~1968를 만나 함께 플레밍의 연구 성과를 재검토하게 되었다.

화학을 전공한 체인은 거의 혼자서 페니실린 정제 및 농축 방법을 개발했다. 1941년 플로리에게 안타까운 환자가 찾아왔다. 장미를 가지치기 하다가 입 주위를 가시에 쓸린 40대 경찰관이었는데, 상처가 덧나서 얼굴 전체에 염증이 생기고 폐까지 감염되어 위독한 상태였다. 플로리는 이 환자에게 정제된 페니실린을 주사했고, 며칠 만에 놀라운 회복세를 보였다. 안타깝게도 준비된 페니실린이 모두 소진되어 그는 끝내 유명을 달리했지만, 페니실린의 효과는 임상에서 입증되었다.

플로리와 체인은 독일군의 공습까지 받는 영국에서 더 이상의 연구가 어려워지자 미국으로 자리를 옮겨 연구를 이어갔다. 미국

뒷줄의 왼쪽에서 두 번째가 하워드 플로리이고, 네 번째가 언스트 체인이다.

정부도 페니실린 연구에 지원을 아끼지 않았고, 2차 세계 대전이 한창이던 1942년 여름부터 페니실린이 대량 생산되기 시작했다. 페니실린은 곧바로 전선에 투입되어 부상당한 연합군 장병들이 세균에 감염되는 것을 막았다. 다시 말해서 페니실린은 연합군 승리의 숨은 주역이자 수많은 아들이 살아서 집으로 돌아갈 수 있게 해준 수호자였다. 뿐만 아니라 매독과 임질, 폐렴 등 여러 전염병 치료에도 탁월한 효능을 보였으므로, 기존 살바르산을 대체하여 인류의 생명을 구했다고 볼 수 있다.

세균의 향기

"흙냄새 맡으면 세상에 외롭지 않다. (……)
이 깊은 향기는 어디 가서 닿는가. 머나멀다. 생명이다. (……)
흙냄새여 생명의 한통속이여. 흙 속의 진주!"

정현종 시인이 1989년에 발표한 「흙냄새」라는 시의 일부다. 대수롭지 않게 여기는 일상의 경험에서 생명의 근원과 신비로움에 대한 공감을 불러일으키는 시인의 통찰력에 감탄사가 절로 나온다. 과학적으로도 흙냄새는 생명의 향기가 맞다. 그 냄새의 실체는 '방선균放線菌, Actinomyces'이라는 특정 토양 세균 집단이 뿜어내는 화합물이기 때문이다.

지금까지 알려진 1200여 종의 방선균은 대부분 흙에서 산다. 자연의 흙 1그램에는 수백만 마리의 방선균이 들어 있다. 가장 흔한 토양 세균이다. 실처럼 뻗어 자라는 세균이라는 한자 이름대로 방선균은 마치 곰팡이처럼 자라면서 땅속 영양분을 빨아들인다.

토양 방선균은 굉장히 다양한 종류의 화합물을 만들어낸다. 이 가운데 '지오스민geosmin'이라는 휘발성이 강한 물질이 있다. 우리의 후각은 이 화합물에 민감하다. 한 여름에 소나기가 쏟아질 때나 숲 속의 촉촉한 오솔길을 거닐 때 흔히 맡을 수 있는 냄새다. 지오스민은 흙냄새의 주성분이다. 그러니 흙냄새는 생명의 향기, 바로 세균의 체취다.

방선균이 선물한 항생제

설파제와 페니실린의 등장으로 많은 전염병을 치료할 수 있었지만, 여전히 난공불락의 병원균들이 버티고 있었다. 결핵균이 그 대표적인 사례다. 사람들은 이런 힘겨운 상대를 제압할 수 있는 새로운 약물이 절실했다. 흙냄새를 사랑했던(?) 한 미생물학자가 이런 간절함을 풀 수 있는 길을 열었다.

키에프(현 우크라이나) 출신의 미국 대학 교수 왁스먼Selman A. Waksman, 1888~1973은 오랫동안 토양미생물을 연구하고 있었다. 그는 여러 미생물들이 흙 속에서 생존과 번식을 위해서 경쟁자를 물리칠 수 있는 화학 물질을 만들어 낼 것이라 생각했다. 왁스먼은 이런 미생물들의 화학 무기를 타자의 '삶(biosis)'을 '반대한다(anti)'는 의미로 '항생제antibiotics'라고 불렀다.

1943년 어느 날, 마침내 그는 방선균의 일종인 스트렙토미세스 그리세우스Streptomyces griseus에서 새로운 약물을 추출해내고, '스트렙토마이신streptomycin'이라고 명명했다. 이 항생제는 결핵균처럼 페니실린이나 설파제에 내성이 있는 병원균을 제압할 수 있었다. 이후 다양한 종류의 항생제가 토양미생물에서 분리되었는

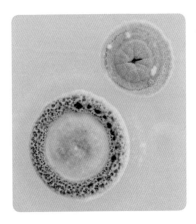

데, 이 가운데 3분의 2가 방선균의 작품이다. 그렇다면 시인이 말하는 흙 속의 진주는 바로 방선균이 아닐까? 흑진주보다 더 아름다운 '흙진주' 말이다.

스트렙토마이신의 뒤를 이어 수많은 마법 탄환이 줄지어 발견되면서, 인류는 곧

고체 배지에서 자라고 있는 스트렙토미세스

병원성 미생물과의 전쟁에서 완승을 거둘 것이라는 기대감과 자만심을 갖게 되었다. 그러나 미생물은 생각처럼 그렇게 만만한 상대가 아니었다. 불의의 일격을 받았던 그들이 전열을 정비하여 '항생제 내성'이라는 엄청난 무기로 반격에 나선 것이다.

문제는 이들에 맞서 싸울 탄환이 점점 소진되고 있다는 것이다. 미생물이 내성을 획득하는 속도는 인간이 새로운 항생제를 개발하는 속도보다 훨씬 빠르기 때문이다. 급기야 현재 사용할 수 있는 모든 항생제에 내성을 가지는 슈퍼박테리아super bacteria까지 등장했다. 시름은 깊어지고 머리는 복잡해진다. 여기서 분명한 사실은 미생물에 맞서는 우리의 전략과 자세를 획기적으로 바꾸어야만 한다는 것이다.

보이지 않는 것을 보는 법

앞서 2장에서 2017년 현재 공식적으로 명명된 세균bacteria
은 1만6천여 종에 불과하다고 했다. 지구에 존재하는 수백만 종
에 비하면 하찮아 보이지만, 이 세균들을 모두 일목요연하게 정리
하는 일은 보통이 아니다. 우선 생물의 분류 체계를 이용하여 '종-
속-과-목-강-문-계-역'의 계층 구조로 분류할 수 있다. 1987년
10개의 문으로 시작된 세균 분류 체계는 미생물학자들의 노력으로
2017년 기준 30여 개의 문으로 확대되었다. 그리고 앞으로 계속 늘
어날 것이다(족히 1000개 이상). 여기서 이런 분류군을 설명하겠다면,
곧바로 책을 덮는 독자가 있을 것이다. 그래서 생각한 나름의 방법
이 독자의 호기심을 자극하는 것이다. 자, 먼저 박테리아에는 두 가
지 성, 즉 '양성陽性과 음성陰性'이 있다!

세균을 보는 두 가지 방법

새내기 내과 의사인 그람Hans Christian Gram, 1853~1938은 폐렴으로 사망한 환자들의 폐 조직에서 채취한 시료를 유리 슬라이드 위에 얇게 바르고 발랐다. 현미경으로 폐렴균을 관찰할 참이었다. 시료가 마른 다음 보라색 염료를 부었다. 그 슬라이드를 물로 한번 씻어 내고 염색이 잘 되게 고정액을 처리했다. 그리고 나서 염색된 시료를 에탄올로 씻어 냈다. 폐 조직에 붙어 있는 염료를 제거하면 세균이 더 잘 보이기 때문이다. 그런데 이 실험을 하다 보면, 염색된 세균이 알코올로 세척된 후에도 그대로 색상(그람양성)을 유지하는 경우도 있고, 그렇지 않은 경우(그람음성)도 있었다. 매우 겸손하고 신중한 성격의 그람은 이 염색법을 발표하며 이렇게 밝혔다.

"이 방법은 결함이 많고 불완전합니다. 하지만 여러 다른 연구에서 유용하게 사용되기를 바랍니다."

그의 작은 소망은 크게 이루어졌다. 그람염색법Gram stain은 오늘날 세균을 크게 두 부류로 구분해 주는 세균학의 표준 방법이 되었다. 기본적으로 모든 세균은 그람양성과 그

한스 그람

람음성으로 나누어진다. 각 세포벽의 구조적인 차이 때문이다.

세포벽과 그람염색

세균은 세포 하나가 개체다. 그렇다고 이들을 우습게 보면 안 된다. 세포가 하나의 개체로 살아간다는 것은 결코 쉬운 일이 아니다. 세포 수준에서 보면 인간의 세포들은 굉장히 호화로운 생활을 하고 있다. 단적인 예로 체온과 바깥 기온을 비교해 보자. 특별히 아플 때를 제외하고 우리 몸의 온도는 항상 일정하다. 날씨는 어떤가? 연교차까지 언급할 필요도 없다. 일교차만으로 충분하니까. 게다가 하루 세끼만 잘 먹어 주면 몸에 있는 세포들은 적당한 온도에서 걱정 없이 잘 지낼 수 있다. 하지만 세포 하나로 세상을 살아가야 하는 세균들은 이와 정반대의 상황에 처해 있다. 그럼에도 불구하고 이들은 지구에 있는 거의 모든 환경에 널리 퍼져 살고 있다. 이런 생존 능력은 세균 자신을 보호해 주는 견고한 세포벽에서 시작된다.

세포벽이 세균의 전유물은 아니다. 동물을 제외하고 모든 생물이 세포벽을 가지고 있다. 그러나 식물과 곰팡이 등의 세포벽은 화학적으로 세균의 것과 다를 뿐 아니라, 그 구조가 상대적으로 더 간단하고 덜 단단하다. 세균의 세포벽은 상당히 복잡하고 견고하면서도 열려 있는 반강체semirigid 구조다. 비유컨대, 세포벽이란 '나

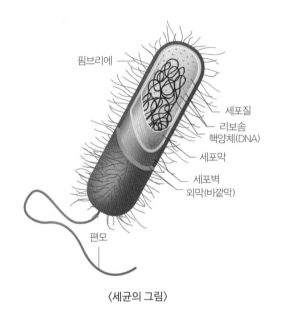

핌브리에

세포질
리보솜
핵양체(DNA)
세포막
세포벽
외막(바깥막)

편모

〈세균의 그림〉

세포벽(펩티도글리칸)

세포막(지질 이중층)

세포 내부
세포막(지질 이중층)
세포벽(펩티도글리칸)

〈세균의 세포벽〉

들이 문이 있는 성벽'과 같다. 세포벽은 우선적으로 세포를 보호하는 임무를 띠고 있다. 바로 안쪽에 연약한 세포막이 있는데, 이게 터지면 큰일이다. 세포막은 살아 있는 모든 세포의 필수 구성 요소로서 차단막 역할만이 아니라 매우 다양한 기능을 수행하기 때문이다. 특히 세균과 같은 단세포 생물에서는 호흡 과정의 전자전달電子傳達, electron transfer(250쪽 참조), 즉 에너지 생산 과정이 일어나는 장소가 바로 세포막이다. 이 밖에도 세포막의 단백질들은 이온이나 작은 화학 분자들을 세포 안팎으로 운반하는 펌프 역할을 하고, 어떤 것들은 세포의 외부에서 오는 신호를 인식하여 세포 내부로 전달하기도 한다.

세균의 세포벽은 '펩티도글리칸peptidoglycan'이라는 물질로 되어 있다. 그람양성균에서는 이 물질이 여러 겹으로 쌓여서 두껍고 단단한 세포벽을 이룬다. 반면 그람음성균은 보통 한두 겹만을 가지고 있는 대신 외막(바깥막)이 얇은 세포벽을 감싸고 있다. 그람 염색에서 세포벽의 두께 차이가 핵심이다. 두꺼운 스펀지와 얇은 스펀지를 같은 시간 동안 염료에 담갔다가 물로 씻으면 어느 것이 먼저 탈색되겠는가? 당연히 얇은 것이 탈색된다. 그람음성균의 외막은 지질이 주성분이어서 에탄올을 처리하면 녹아버린다. 따라서 186쪽의 그림과 같이 보라색(크리스탈 바이올렛)과 분홍색(사프라닌) 염료를 차례로 사용하여 염색을 하면, 세포벽의 구조에 따라 보라색 또는 분홍색의 세균을 보게 된다.

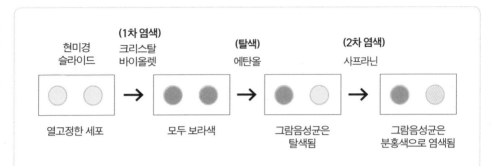

〈그람 염색의 원리〉

　참고로 외막의 기본 성분은 세포막과 같다. 하지만 외막은 특별한 다당류와 단백질을 가지고 있어서 여러 가지 특화된 기능을 한다. 대표적으로 병원균인 경우에는 독소 분비와 숙주 면역세포의 공격 회피, 항생제 유입 차단 등의 일을 한다. 이런 이유로 그람양성균보다 음성균의 감염 치료가 더 어렵다.

세균을 편가르다

　그람염색법은 감염균의 정체 파악뿐만 아니라 세균의 분류에도 매우 요긴하다. 세균을 그람양성과 음성으로 일단 나눈 다음에, 문^門으로 시작하는 생물 분류 체계를 적용할 수 있기 때문이다. 30여 개의 문이 있지만, 지금까지 알려진 세균들은 몇 개의 문에 집중되어

그람염색법	문(생물 분류 체계)	세균 예시
그람양성균	후벽세균문	유산균, 고초균, 포도상구균 등
	방선균문	사상균, 스트렙토미세스 등
그람음성균	가변세균문 (프로테오박테리아)	대장균, 살모넬라, 비브리오, 녹농균, 헬리코박터 등

〈그람염색법에 따른 세균의 종류〉

있다. 요컨대 가장 큰 분류군인 '가변세균' 또는 '프로테오박테리아 Proteobacteria' 문에는 3000종 이상의 그람음성 세균이 포함되어 있다. 변신의 귀재인 프로테우스°에서 유래한 이름이 말해 주듯이, 여기에 속한 세균들은 매우 다양한 형태와 능력을 가지고 있다. 대중에게 가장 잘 알려진 프로테오박테리아 구성원으로는 대장균, 살모넬라, 비브리오, 녹농균, 헬리코박터 등을 들 수 있다. 나열하고 보니 공교롭게 모두 감염과 관련 있다. 사실 그래서 더욱 널리 알려진 것이다. 앞서도 얘기했지만, 이게 문제다. 극히 일부인 유해균이 부각되어 대다수 유익균을 가려 버리니 말이다.

그람양성균 중에서는 방선균문과 후벽세균문을 소개하고자 한

• Proteus. 그리스 신화에 나오는 '바다의 노인'이라고 불리는 해신들 중 한 명이다. 뛰어난 예언 능력 때문에 찾아오는 이들이 많았지만, 이방인을 싫어하여 여러 가지 형태로 몸을 바꾸어 가며 도망치는 것으로 유명하다.

다. 여기에는 우리에게 익숙하고 중요한 세균들이 많이 있기 때문이다. 먼저 방선균문에 속하는 세균들은 토양에 흔히 존재하며, 그 형태가 다양하다. 각 세포가 주걱 모양인 것도 있고, 곰팡이(사상균)처럼 자라는 것도 있다. 무엇보다도 항생물질을 생산하기 때문에 인류에게 매우 중요한 세균들이 속해 있다. 두터운 세포벽을 가진 후벽세균문의 대표 선수로는 각종 발효 음식의 주역인 유산균과 고초균을 들 수 있다. 이들은 17장에서 더 자세하게 다루기로 한다. 정반대의 맥락에서 음식과 관련된 후벽세균이 있다. 포도송이와 구형(알 모양)을 뜻하는 라틴어 'Staphylo'와 'coccus'가 합쳐진 *Staphylococcus*, 즉 포도상구균이 그 주인공이다.

정상적으로 피부에 사는 미생물의 90퍼센트 정도가 포도상구균이다. 피부에 있을 때 이들은 아무 문제를 일으키지 않는다. 하지만 잘못된 장소, 예컨대 피부에 상처가 나서 살 속으로 들어가게 되면 문제가 된다. 새로운 환경에서 제공되는 수분과 양분 덕분에 이들은 빠르게 성장하는데, 여기서 세균의 성장이 우리에게는 감염이기 때문이다.

'황색포도상구균'을 한번쯤은 들어 봤을 것이다. 식중독 관련 기사는 여름철 뉴스의 단골손님이다. 이들은 노랗기 때문에 라틴어로 금색을 의미하는 종명을 붙여 *Staphylococcus aureus*라는 학명이 생겼다.

포도상구균은 건조와 염분, 자외선 등 여러 환경 스트레스에

상대적으로 잘 견딘다. 이
런 특성은 피부 표면에서
살아가는 데에 안성맞춤이
다. 우리 몸에서 황색포도
상구균의 주 서식지는 콧
구멍이다. 인구의 약 20퍼
센트가 이 세균을 콧속에
늘 간직하고(?) 있다. 나머
지는 일시적으로 있기도

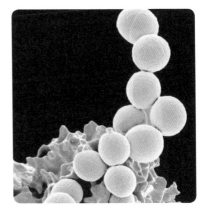

백혈구에게 잡아먹히고 있는 황색포도상구균

하고, 전혀 없는 경우도 있다. 이런 차이는 개개인의 면역계 특이성
때문인 것으로 보인다. 황색포도상구균을 가지고 있어도 별 문제
는 없다. 콧구멍을 후빌 때에만 각별히 주의하면 된다. 자칫 사방에
이 악명 높은 세균을 묻힐 수 있으니 말이다. 이 사소한 부주의로
황색포도상구균이 음식에 들어가면 식중독이 생길 수 있다.

아름답거나 맛있거나 하찮다

보통 음식물 1그램 당 약 100만 마리의 세균이 있으면 식중독
을 일으키기에 충분한 독소를 만들어낸다. 「프롤로그」에서 설명
한 거듭제곱의 위력을 상기하기 바란다. 황색포도상구균은 섭씨

5~50도 사이에서 자라는데, 35도 전후에서 가장 빨리 자란다. 이 온도에서 먹을 것만 있으면 30분이 지나기 전에 한 번씩 세포 분열을 한다. 따라서 여름철 황색포도상구균이 들어간 음식을 상온에 놓는다면 이들에게 최적의 성장 조건을 제공한 셈이 된다. 게다가 이들은 염분에도 상대적으로 강하다.

황색포도상구균 독소는 30분 정도 끓여도 그대로 독성이 남아 있을 만큼 열에 강하다. 그러므로 일단 음식이 오염되어 독소가 생기고 나면, 이를 제거하기는 여간 어려운 게 아니다. 이 독소가 몸에 들어오면 뇌의 구토중추*를 빠르게 자극하고, 복부 경련과 함께 설사를 일으킨다. 건강한 사람이 황색포도상구균 식중독으로 사망하는 일은 거의 없다. 하지만 노약자의 경우라면 얘기가 달라진다. 황색포도상구균 식중독을 막는 가장 좋은 방법은 애당초 음식물에 황색포도상구균이 들어가지 않게 하는 것이다. 하지만 이 세균이 사는 곳을 감안할 때, 아무리 주의를 기울여도 사람에 의한 음식물 오염을 완전히 막기는 현실적으로 불가능하다. 따라서 음식을 만들고 다루는 사람뿐만 아니라 소비하는 사람도 음식 보관에 각별히 신경을 쓰는 것이 매우 중요하다.

〈세상에 나쁜 개는 없다〉라는 방송 프로그램이 있다. 시도 때도 없이 짖어 대고, 낯선 사람에게 달려들고, 아무 데나 똥오줌을

---

* vomiting center, 嘔吐中樞. 구토 작용을 담당하는 신경 중추로, 뇌줄기 하부 구조인 숨뇌에 있다. 191쪽 그림 참조.

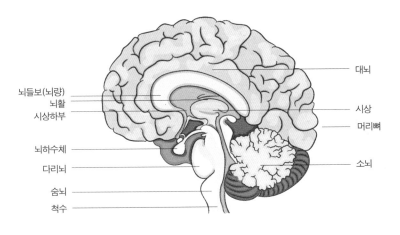

뇌들보(뇌량)
뇌활
시상하부
뇌하수체
다리뇌
숨뇌
척수

대뇌
시상
머리뼈
소뇌

〈뇌의 구조와 구토중추의 위치〉

싸대는 온갖 사고뭉치 개들이 등장한다. 그런데 정작 카메라의 앵글은 반려견이 아니라 그들과 함께하는 사람들에게 향한다. 같이 사는 강아지가 문제 행동을 보인다면, 견주의 일상적인 행동에 어떤 잘못이 있는지 먼저 살펴보아야 한다는 것이 프로그램의 기획 의도라고 한다. 그 대상만 다를 뿐 기획 의도가 우리 책과 똑같다. 미생물도 우리가 어떻게 하느냐에 따라 아름다운(美생물), 맛있는(味생물) 또는 귀찮고 하찮은(微생물) 존재가 될 수 있기 때문이다.

21세기를 흔드는 감염병 이야기

    미생물학적으로 보면, 감염병이란 미생물이 숙주의 몸에 들어가 증식하는 과정에서 그 결과로 숙주에게 나타나는 이상 현상이다. 제2차 세계 대전이 끝나 가면서 많은 사람이 감염병도 곧 사라질 거라는 희망에 부풀었다. 백신과 항생제로 병원균을 잡고, 디디티Dichloro Diphenyl Trichloroethane, DDT와 같은 살충제로 병을 매개하는 모기를 비롯한 해충을 박멸하면 될 것이라고 믿었기 때문이다. 하지만 21세기 우리가 맞닥뜨린 현실은 이런 기대와는 사뭇 다르다. 모든 항생제에 내성을 지닌 슈퍼박테리아가 등장했고, 말라리아도 여전히 기승을 부리고 있다.

    우리나라도 예외가 아니다. 1979년 이후 말라리아 발생 소식이 없다가 1993년 비무장지대에서 근무하던 군인들에서 말라리아

감염 사례가 나왔다. 4000명 이상의 감염자가 발생한 2000년을 정점으로 발병 건수가 줄고 있기는 하지만, 여전히 매년 500명 선에서 증감을 보이고 있다. 질병관리본부는 '세계 말라리아의 날(4월 25일)'에 주의를 당부하는 보도 자료를 내고 있다.

비단 말라리아뿐만이 아니다. 최근에는 조류 독감과 사스, 메르스 등 여러 신종 감염병이 번갈아 가며 우리를 괴롭히는 와중에 설상가상으로 기회감염병까지 무서운 존재감을 과시하고 있다.

최초 박멸된 인류 최고最古의 감염병

천연두天然痘, smallpox는 가장 오래된 인간 전염병이고, 박멸되기 전까지 총 3억 명 이상의 목숨을 앗아간 것으로 추정한다. 이 병(속칭 마마媽媽)을 이겨낸 생존자들도 얼굴에 흉한 곰보 자국을 가지고 평생을 살아야 했다. 1796년 영국 출신 의사 에드워드 제너 Edward Jenner, 1749~1823가 시도한 우두접종법이 성공하기 전까지 인간은 천연두 바이러스에 속절없이 당하고만 있었다. 그 당시 우유를 짜는 사람들은 훨씬 약한 우두牛痘(소의 천연두)에 걸리기 때문에 천연두에 걸리지 않는다는 속설이 있었다. 제너는 이런 생활 속 경험을 역사적인 임상 실험(?)에 적용했다. 우두에 걸린 여인의 우두 물집에서 얻은 액체를 바늘에 묻혀, 그 바늘로 여덟 살짜리 소년의 팔을 긁은 것이다. 긁힌 부위는 부풀어 올랐고, 며칠 뒤 약한 우두 증세를 보였다. 그러나 소년은 곧 회복되었고, 다시는 우두나 천연두에 걸리지 않았다.

우리나라에서는 다산 정약용1762~1836이 1798년에 펴낸 홍역에 관한 의학서『마과회통麻科會通』에서 제너의 '우두종두법'을 소개했다. 또한 헌종 때, 실학자 이규경1788~1856이 자신의 저서『오주연문장전산고五洲衍文長箋散稿』*에서 헌종 1년(1835년)에 정약용이 우두접종법을 실시했다는 기록을 남겼다. 그러나 안타깝게도 이 종두법은 서학西學의 탄압과 함께 중단되었다가, 1880년에 의학자 지석영1855~1935이 한양에 종두장을 설치하면서 본격적으로 보급되기 시작했다.

1958년 세계보건기구WHO는 천연두를 박멸하기 위한 활동을 전 지구적으로 권고했다. 1964년 WHO 전문가위원회의 검토를 거쳐 1967년에 드디어 박멸 프로그램이 실행에 옮겨졌다. 당시 전문가들은 10년 안에 목표 달성을 점쳤다고 한다. 이 예상은 놀라울 정도로 정확했다. WHO는 1980년에 천연두 멸종을 공식적으로 선언했다. 1977년 소말리아에서 마지막 천연두 환자 치료 이후 더 이상 천연두가 발생하지 않았기 때문이다. 천연두 박멸은 미생물과의 전쟁에서 인류가 거둔 위대한 승리라고 할 수 있다. 하

• 우리나라와 중국을 비롯한 여러 나라의 고금(古今)의 사물을 1400여 항목에 걸쳐 고증하고 해설한 책. 60권 60책.

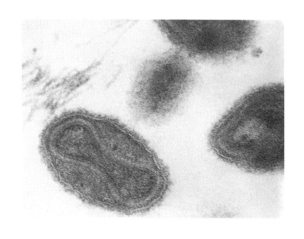

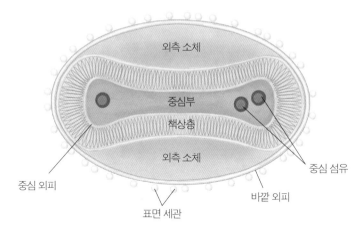

외측 소체

중심부

책상층

외측 소체

중심 외피

표면 세관

바깥 외피

중심 섬유

〈전자 현미경으로 본 바리올라 바이러스(위)와 그 구조(아래)〉

지만 이런 완승의 이면에는 인간의 능력과 노력 이외에 또 다른 진실이 숨어 있다. 바로 천연두를 일으키는 바리올라^{Variola} 바이러스의 독특한 특성이다.

천연두 바이러스는 환자의 물집에 직접 접촉해야만 전염되는데, 전염성은 약 2주 정도 지속된다. 바이러스는 인체를 떠나서 살 수 없고, 자연계에는 이 바이러스를 옮기는 운반체도 없다. 게다가 물집이 얼굴에 집중되어 나타나기 때문에 환자도 금방 알아볼 수 있다. 따라서 환자가 발견되면 바로 격리 치료하고 예방 접종도 지속한다면, 이론적으로 박멸이 가능하다. 물론 실제로도 그랬다.

오래된 이야기, 병원내 감염

병원내 감염hospital infection, 病院內感染이란, 병원과 요양원 등 의료기관에 입원할 때에는 증상이나 잠복의 증거를 보이지 않았지만 그곳에 머문 결과로 생긴 감염을 말한다. 이미 1840년대에 헝가리 출신 의사 이그나즈 제멜바이스Ignaz Philipp Semmelweis, 1818~1865가 특정 병동에서 산욕열*이 더 많이 생기는 이유는 의사들이 손

• 産褥熱. 분만할 때에 생긴 생식기 속의 상처에 미생물이 침입하여 생기는 병을 말한다.

이그나즈 제멜바이스(왼쪽)와 조셉 리스터(오른쪽)

을 제대로 씻지 않고 출산을 돕기 때문이라고 지적했다. 그는 의과
대학생들이 실습하는 병동에서 사망률이 훨씬 더 높다는 점에 주
목했다. 참고로 당시에는 의사가 시신을 부검할 때는 물론이고 실
습한 후에도 손을 씻지 않고 그대로 진료에 참여하곤 했다. 그래도
별문제가 되지 않던 시절이었다. 황당하게 들리겠지만, 오히려 대
부분의 동료 의사들은 제멜바이스를 힐책했고, 결국 그는 근무하던
오스트리아 빈 종합병원에서 쫓겨나는 신세가 되었다. 이후 고향
헝가리에 있는 병원에 취업한 그는 여전히 같은 주장을 폈지만, 반
응은 마찬가지였다.

　　1860년대에 영국의 외과 의사 조셉 리스터Joseph Lister, 1827~
1912는 제멜바이스의 주장과 함께 미생물과 질병을 연결 짓는 파

스퇴르의 연구 성과를 근거로 새로운 치료법을 시도했다. 아직 이렇다 할 소독제가 알려져 있지 않던 시절이었지만, 리스터는 페놀phenol이 세균을 죽인다는 것을 알고 있었다. 그래서 그는 수술 상처에 페놀 용액을 처리하기 시작했다. 결과는 기대 이상이었고, 이 방법은 빠르게 퍼져 나갔다. 리스터의 발견은 미생물이 수술 상처에서 감염을 유발한다는 명백한 증거였다. 그리고 앞서 설명한 대로 얼마 지나지 않아 코흐가 질병과 미생물의 인과관계를 입증했다. 이후 오늘날에 이르기까지 수많은 소독제와 항생제가 개발되었다.

최근에는 감염을 막기 위해 멸균된 일회용 의료 기기를 적극 사용하고 있다. 하지만 첨단 무균 기술과 노력에도 불구하고, 병원내 감염은 여전히 골칫거리다. 세계 최고의 의료 수준을 가지고 있다는 미국에서도 2015년 기준 병원내 표준감염율 0.4 목표 달성에 혼신의 힘을 다하고 있다. 우리나라에서도 병원내 감염이 중요한 의료 사안으로 대두되고 있다.

항상 환자들로 북적이는 병원에 병원균이 많다는 것은 상식적으로 이해가 된다. 그렇다고 병원내 감염의 주범이 병원균이라고 생각한다면 오산이다. 7장에서 이미 설명했듯이 우리 몸에는 무수히 많은 미생물들이 살고 있다. 정상미생물상의 일부 세균들이 기회감염성인데, 환자들에게 더 위협적이다. 실제로 병원내 감염을 일으키는 대부분의 미생물은 건강한 사람들에게는 병을 일으키지

(출처: CDC's National Healthcare Safety Network, NHSN)

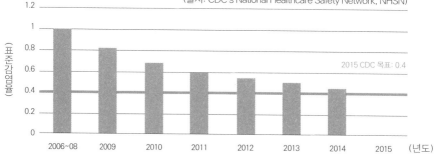

미국 내 중환자실의 중심정맥관 관련 혈류감염 실태(2006~2014년)

않는다. 보통 피부나 점막이 손상되거나 면역계 기능이 저하되면 기회감염에 취약해진다. 피부와 점막은 외부 미생물의 침입을 막는 막강한 물리적 장벽이다. 이 구조가 온전하게 유지되는 한, 미생물의 체내 접근이 원천 봉쇄된다. 그러나 사고로 인한 외상이나 수술하여 생긴 상처와 주사, 의료기 삽입 등은 견고한 방어벽을 무너뜨릴 수 있다. 예컨대 피부가 손상된 화상 환자들은 병원내 감염에 특히 더 취약하다.

　병원에 존재하는 다양한 미생물들과 환자들의 떨어진 면역 상태를 고려하면, 병원내 감염을 완전히 막아 내기는 거의 불가능해 보인다. 병원내 감염은 주로 사람들끼리 직접 접촉하거나 매개물을 통한 간접 접촉, 병원 환기 시스템으로 공기가 순환되면서 퍼질 수 있다. 의료진은 환자의 상처 부위를 치료할 때 미생물을 옮길 수 있으며, 주방 직원은 음식을 오염시킬 수도 있다. 보호자나 방문객도 마찬가지다.

따라서 병원내 감염을 막으려면 우선 환자에게 노출되는 미생물의 수를 최소화해야 한다. 예컨대, 살균된 일회용품을 사용하거나 손을 잘 씻는 등 사소해 보이는 위생부터 철저히 지켜야 한다. 또한 환자들이 감염에 내성이 약해지지 않도록 항생제나 면역억제제를 사용할 때도 신중해야 하고, 병문안을 갈 때에도 감염에 취약한 환자들이 모여 있는 병실이라는 점을 항상 염두에 두어야 한다.

조류 독감은 현재 진행 중

조류 독감AI은 최근 들어 해마다 우리나라에 큰 피해를 주고 있다. 조류 독감을 일으키는 병원체는 바이러스이다. AI를 최초로 기록한 사람은 이탈리아의 기생충학자 페론치토Edoardo Perroncito, 1847~1936다. 그는 1878년 사망률이 높은 닭의 감염병을 "조류 역병fowl plague"이라고 기술했다. 당시에는 닭 콜레라와 독감을 구분할 수 없었지만, 2년 뒤 1880년에 닭 콜레라와는 다른 것으로 밝혀지면서 삼출성 닭티푸스Typhus exudatious gallinarum라고 불렀다. 이것의 원인 병원체가 바이러스라는 사실은 1901년에 밝혀졌다. 그리고 1950년대 중반에 이르러 고병원성 조류 인플루엔자Highly Pathogenic Avian Influenza, HPAI라는 이름이 사용되기 시작했다.

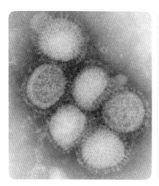
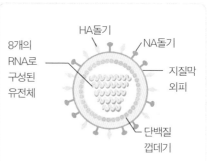

조류 독감 중 HINI 바이러스(왼쪽)와 그 구조(오른쪽)

앞서 설명한 대로 바이러스는 전자 현미경으로만 관찰이 가능한 초미세 구조물이다. AI 바이러스는 길이가 다른 여덟 개의 RNA 조각이 단백질 껍데기에 들어 있고, 이를 다시 지질막이 싸고 있는 구조다. 가장 바깥쪽에 있는 지질막에 헤마글루티닌hemagglutinin, HA과 뉴라미니다제neuraminidase, NA라는 두 가지 형태의 단백질 돌기가 박혀 있다. HA돌기는 바이러스가 숙주 세포로 침입하기 전에 세포를 인식하고 부착할 수 있게 해 주고, NA돌기는 바이러스가 세포 안에서 증식한 후 빠져 나올 때 감염된 세포에서 바이러스가 분리되는 것을 도와준다. 두 단백질 모두 항원으로 작용하여 항체 형성을 유도하는데, 독감 바이러스는 HA와 NA 항원에 대한 변이에 따라 구분한다.

HA와 NA 항원에는 각각 16개(H1~H17)와 9개(N1~N9)의 아형이 있다. 아형의 번호가 바뀐다는 것은 돌기를 구성하는 단백질에 상당한 변화가 생겼음을 의미한다. 이러한 HA와 NA 항원의 변이에는 '항원 소변이'와 '항원 대변이'가 있다. RNA바이러스는 DNA 바이러스보다 돌연변이 발생률이 훨씬 높다. 이러한 돌연변이가 쌓이면 항원 소변이antigenic drift가 생기는데, 항원 소변이는 바이러스가 숙주의 면역 작용을 피할 수 있게 도와준다. 이는 독감 예방백신을 개발하는 것이 어려운 가장 큰 이유이기도 하다. 진화적 측면에서 봐도 바이러스에게는 최소한의 병원성으로 여기저기 잘 전파시키는 돌연변이를 축적하는 것이 좋을 것이다. 만일 바이러스가 숙주를 빠르게 죽이거나 몸져눕게 만들면 그만큼 전파되기 어려울 테니까 말이다. 반면 항원 대변이antigenic shift는 인간의 면역 작용을 피하기에 충분히 큰 변화를 의미한다. 새로운 독감이 대유행하는 원인이기도 한 항원 대변이는 RNA바이러스의 8개 조각이 재배열되는 유전적 재조합과 관련 있다.

2009년 전 세계를 감염병의 공포에 떨게 했던 H1N1 바이러스는 원래 돼지 독감을 일으키는 것으로 알려져 있었다. 실험실 검사 결과, 이 바이러스 유전자의 대부분이 북미에 사는 돼지에서 흔히 발견되는 독감 바이러스와 비슷했기 때문이다. 그러나 후속 연구를 통해 2009년에 H1N1 바이러스는 북미 돼지 집단에서 흔히 유행하는 독감 바이러스와 상당히 다르다는 사실이 밝혀졌다. 그뿐만 아니라 놀랍게도 이 바이러스는 유럽과 아시아에서 유행하는 돼지독감 바이러스 유전자와 조류 독감 바이러스 유전자에 사람

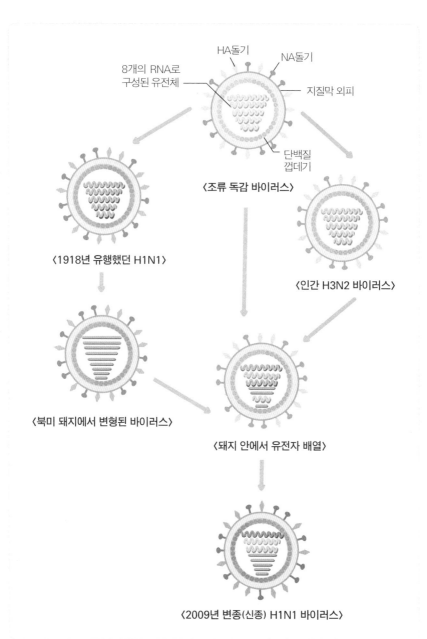

8개의 RNA로
구성된 유전체

HA돌기   NA돌기

지질막 외피

단백질
껍데기

〈조류 독감 바이러스〉

〈1918년 유행했던 H1N1〉

〈인간 H3N2 바이러스〉

〈북미 돼지에서 변형된 바이러스〉

〈돼지 안에서 유전자 배열〉

〈2009년 변종(신종) H1N1 바이러스〉

바이러스 유전자까지 가지고 있었다. 도대체 어떻게 해서 이런 바이러스가 탄생할 수 있었을까?

독감 바이러스는 조류와 포유류 종에서 발견되며, 일반적으로 조류 독감 바이러스는 사람에 감염하지 않는다. 철새를 비롯한 야생 조류는 조류 독감 바이러스에 감염되어도 별 증상이 없어서, 지리적으로 넓은 지역에 걸쳐 바이러스를 전파하는 감염병 매개체 역할을 하게 된다. 돼지는 조류 독감 바이러스와 포유류 독감 바이러스 모두에 감염될 수 있다. 그러므로 돼지는 서로 다른 독감 바이러스들이 유전자를 섞을 수 있는 좋은 만남의 장소가 된다. 따라서 가금류와 사람이 함께 밀집하여 사는 지역에서는 바이러스의 유전자 재배열이 일어날 가능성이 상대적으로 높다. 다행히 바이러스가 가금류에서 인간으로 옮겨 가는 것은 아직까지 극히 드문 일이다. 그러나 계속되는 유전자 재배열을 통해서 사람 간에도 빠르게 확산될 수 있는 새로운 변종 바이러스가 생길 수 있다. 실제로 2017년 중국의 보건 당국이 WHO에 "2016년 말에 조류 독감으로 목숨을 잃은 35명 가운데 2명은 사람 간의 전염이 의심된다"고 보고했다.

신종감염병emerging infectious disease, EID이란, 발생률이 높아지거나 가까운 미래에 높아질 가능성이 있는, 새롭거나 변형된 감염병을 말한다. EID가 증가하는 것은 병원체가 진화한다는 것뿐만 아니라 교통 발달과도 깊은 관련이 있다. 사람들은 교통이 편리해진 만큼 더 많이 여행하고, 더 자주 이웃이나 친구들을 만난다. 그리고 그렇게 사람들의 이동이 잦아질수록 기존 질병은 새로운 지역 또는 집단으로 확산된다. 또한 거주지도 더 먼 곳까지 확대되면서 이전에는 좀처럼 접하지 못한 전염성 병원체에 새롭게 노출되는 경우가 많아졌다. 여기에 항생제에 내성이 생긴 병원균까지 출현하여 EID를 증가시키는 데 한몫하고 있다.

우리나라 의학자 송영구는 이미 10여 년 전에 이에 대해 지적한 바 있다. "이제는 인류가 고전적인 전염병과의 싸움에서 이겼다고 생각하는 커다란 착각에서 벗어나야 할 때다. 전염병의 역사는 단지 과거 속의 사건이 아니라, 새로운 환경에 더 빨리 적응해 나가는 미생물들에 의해서 에이즈, 사스 등 새로운 전염병으로 현재에도 계속 '진행 중'이라는 사실을 잊어서는 안 된다"라는 그의 말은 지금도 여전히 유효하다.

4부

미생물
없이는
못 살아

미생물은 사람 하기 나름이에요!

미생물학은 미생물과의 전쟁을 통해서 발전해 온 학문이다. 그리고 이 전쟁은 지금도 진행 중이고, 인류가 존재하는 한 계속될 것이다. 그러니 대부분의 사람들이 미생물을 전염병과 연관시켜 우리의 생명을 호시탐탐 노리는 살인마로 생각하는 것은 어쩌면 당연하다는 생각이 든다. 그렇지만 앞에서 언급한대로 극소수 병원성 미생물의 해악이 너무 부각되어 인간에게 도움을 주는 미생물까지 매도해서는 안 된다.

"남자는 여자 하기 나름이에요!"

30년이 지난 광고 문구가 지금까지 회자되는 걸 보면 시대를 불문하고 많은 사람이 이 말에 공감하는 것 같다. 여기서 '남자'와 '여자'는 앞뒤 순서를 바꾸어도 유의미하다. 핵심은 내가 어떻게 하느냐에 따라 대인 관계가 달라진다는 얘기다. 그런데 이런 논리가 비단 인간관계에만 한정되는 것 같지 않다. 미생물과의 관계에도 그대로 적용된다.

독毒도 잘 쓰면 약藥

요즘에 나온 전문의약품 가운데 대중 인지도 1위는 아마도 '보톡스'가 아닐까? 설령 이 주사를 맞지 않았더라도 많은 사람이 무슨 약인지는 알고 있으니 말이다. 이 약을 이용한 시술의 공식 명칭은 '보툴리눔 독소 시술법botulinum toxin therapy'이다. 조금 섬뜩하다. 보툴리눔 독소는 클로스트리디움 보툴리눔*Clostridium botulinum*이라는 세균이 분비하는 신경 독소다.

보툴리눔 독소는 신경에서 근육으로 전달되는 화학 신호를 차단시켜* 근육을 마비시킨다. 이 독소에 중독된 환자들은 서서히 마비 증상을 겪다가 결국 호흡 또는 심장 정지로 생명을 잃게 된다. 1930년대에 일본은 이 독소를 생물학 무기로 개발하기 위해 극악무도한 만행을 저질렀다. 일본의 세균전 부대로 악명 높았던 731부대가 만주에서 중국인과 조선인을 대상으로 보툴리눔 독소 생체

• 운동 신경 말단 부위에서 신경전달물질인 아세틸콜린(acetylcholine)의 분비를 억제한다.

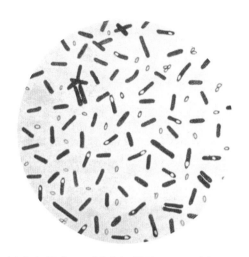

겐티아나 바이올렛으로 염색하여 관찰한 클로스트리디움 보툴리눔

실험을 자행한 것이다. 이는 결코 잊지 말아야 할 역사적 사실이기도 하다.

　반대로 보툴리눔 독소를 약으로 이용한 사람들도 있다. 1970년대 초반에 이 독소를 국부에 주입해도 독성이 없다는 사실과, 눈 주변의 근육이 수축하는 것을 억제하는 효과가 있다는 사실이 밝혀졌다. 이후 독소는 안과용 치료, 특히 사시를 교정하는 데에 사용됐다. 그러다가 1987년에 캐나다의 안과 여의사와 그의 남편인 피부과 의사가 눈꺼풀 떨림 환자의 미간에 이 독소를 주사했다가, 신기하게도 주름까지 없어지는 것을 보았다. 보툴리눔 독소의 주름 개선 효과는 이렇게 우연히 발견되었다.

　보툴리눔 독소는 A형부터 G형까지 총 일곱 종류가 있는데, 의

약품으로 사용되는 것은 정제된 A형과 B형이다. 현재 이 독소는 눈꺼풀이나 얼굴의 떨림 현상을 치료하는 것뿐 아니라 주름 제거와 사각턱 교정 등의 미용으로도 널리 사용되고 있다. 보툴리눔 독소가 천인공노할 살생 무기에서 의약품으로 바뀌었으니, 이런 환골탈태換骨奪胎가 또 있을까?

식물 병원균에서 열혈 일꾼으로

잔토모나스 캄페스트리스*Xanthomonas campestris*는 여러 작물의 잎에 검은 반점이 생기는 흑부병을 일으키는 세균이다. 이 세균이 식물의 조직에 들어가면 포도당을 이용해 잔탄xanthan이라는 끈적한 물질을 만들어낸다. 이 물질이 많아지면 뭉쳐져서 마치 껌과 같은 잔탄검xanthan gum이 되는데, 이것이 식물의 영양분 배송을 방해한다.

그런데 잔탄검이 식물에게는 해롭지만, 사람을 비롯한 동물에게는 무해하다. 사실 잔탄검은 유제품이나 샐러드 드레싱 같은 식품과 콜드크림이나 샴푸 같은 미용품에 점성을 주는 첨가제로 사용되고 있다.

미국인 1인당 치즈 소비량이 연평균 15킬로그램에 달한다고 한다. 보통 치즈 1킬로그램을 만들면 9킬로그램의 유청이 부산물

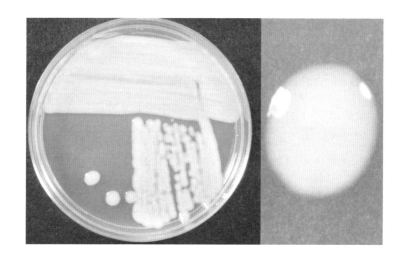

고체 배지에서 자라고 있는 잔토모나스(위)와 흑부병에 걸린 식물의 잎(아래)

16. 미생물은 사람 하기 나름이에요!

로 나온다. 유청이란 우유가 엉겨서 응고된 뒤 남은 액체인데, 물과 젖당이 주성분이다. 이 점에 착안하여 미국 농무부의 연구진이 잔 토모나스 캄페스트리스 세균이 포도당 대신 젖당을 이용하여 잔탄 을 만들게 하는 방법을 찾아 나섰다.

연구진은 먼저 유청이 들어 있는 배지에서 이 세균을 키우면서, 이 배양액의 일부를 젖당 배지가 담긴 플라스크에 주기적으로 넣 어 주며 젖당을 이용하여 자라는 세균을 선별했다. 이런 과정을 지 속적으로 진행한 끝에 젖당에서 아주 잘 자라는 세균을 골라내는 데 성공했다. 그리고 다시 이 세균을 유청 배지가 들어 있는 플라스 크로 옮겼을 때, 기대에 부응하듯 이 세균은 유청을 먹고 자라면서 잔탄을 생산했고 배양액은 걸쭉해졌다. 잔탄검이 만들어진 것이다. 현재 잔토모나스 세균은 잔탄검 생산에 널리 이용되고 있다.

해충을 잡아먹는 미생물

옛 농부들은 아침에 논에 나가서 벼 포기 사이에 거미줄이 많 으면 풍년을 예감했다고 한다. 천적들의 활동에 근거한 나름 과학 적인 예측이다. 현대 농업에서는 천적의 기능을 농약이 대신한다. 여기서 문제는 해충뿐만 아니라 이로운 곤충도 살충제로 희생된다 는 것이다. 그리고 급기야 우리의 건강마저도 위협을 받는 지경에 이르렀다. '화학물질'과 '공포'를 뜻하는 '케미컬chemical'과 '포비아 phobia'가 합쳐진 '케미포비아chemiphobia'라는 신조어가 이러한 대중의 불안감을 단적으로 보여 준다. 화학 살충제의 대안으로 가장 주목 받는 것이 미생물 살충제다. 쉽게 말해서 미생물이 해충에 감염해서 죽게 만드는 것이다.

엄밀히 말하면 미생물을 이용한 해충 방제가 새로운 것은 아니다. 고대 이집트와 중국 학자들의 글에도 남아 있을 정도로 오래되었다. 예컨대 이집트 파라오의 정원사는 해충 퇴치용 박테리아 컬렉션을 가지고 있었다고 한다. 고대 그리스 철학자 아리스토텔레스도 벌꿀 유충이 썩는 병을 기술하고 있다. 본격적인 미생물 살충제는 1901년에 일본의 한 미생물학자가 죽은 누에 유충에서 막대균인 바실러스Bacillus를 분리하면서 시작되었다. 그로부터 10년 후, 독일 과학자가 투린지아Thuringia 지역의 제분소에서 죽은 밀가루 나방 유충을 발견했는데, 거기에서 비슷한 세균을 분리했다. 그는 이 세균에 바실러스 투린지엔시스Bacillus thuringiensis라는 이름을 붙였다. 간단히 BT라고 부르는 이 세균은 이후 미생물 살충제의 대표 주자로 등극하게 된다.

BT 세균은 단백질 독소를 만드는데, 이 독소가 곤충의 장에 들어가면 분해되면서 장에 구멍을 낸다. 따라서 해충이 먹잇감으로 삼는 작물에 BT 세균을 살포하면 방제 효과를 볼 수 있다. 알칼리성인 곤충의 소화관과 달리 사람을 비롯한 동물의 경우에는 산성

16. 미생물은 사람 하기 나름이에요!

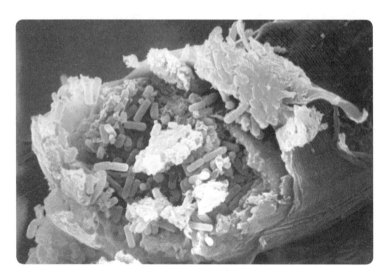

BT 세균에 감염되어 손상된 곤충의 창자

의 위를 가지고 있기 때문에 별 문제가 없다. BT 독소도 보통 단백질처럼 소화되고 만다. 또한 사람에게는 이 단백질에 결합할 수 있는 수용체가 없다. 이런 사실들을 근거로 WHO와 경제협력개발기구OECD도 BT 독소의 인체 안전성을 인정하고 있다.

최초의 상업용 BT 살충제는 1938년 프랑스에서 생산되어 주로 밀가루 나방을 통제하는 데 사용되었다. 미국에서는 1958년부터 생산되었고, 현재 전 세계적으로 수백 종의 미생물 살충제가 상용화되어 있다. 우리나라 농약관리법에서는 진균, 세균, 바이러스 또는 원생동물 등 살아있는 미생물을 유효성분으로 하여 제조한 농약을 '천연식물보호제'로 규정하고 있다.

이이제이以夷制夷는 '오랑캐를 오랑캐로 무찌른다'는 뜻으로, 한 세력을 이용하여 다른 세력을 제어한다는 의미다. 옛날 중국 사람들은 주변의 다른 민족을 모두 오랑캐로 여겼는데, 그렇다고 이들 모두를 자기 힘만으로 제압한다는 것은 거의 불가능했다. 그래서 생각해 낸 전략이 이이제이다. 해충과 병원

BT 세균을 활용한 살충제

균을 다스리는 방법도 이와 다르지 않다. BT 살풍제처럼 미생물은 미생물로 막아낼 수 있다. 어디 그뿐인가? 발상을 전환하여 보툴리눔 독소라는 맹독성 병원균을 유용한 의약품으로 바꾸어 놓지 않았는가.

"미생물은 우리 하기 나름이다."

감염으로부터 인간을 보호하는 방패 미생물

1917년, 프랑스 미생물학자 펠릭스 데렐^{Félix d'Hérelle, 1873~1949}이 "이질 유발 막대균과 길항하는, 보이지 않는 미생물에 관하여"라는 제목의 흥미로운 논문*을 발표했다. 그는 파스퇴르연구소에서 이질균 배양을 하던 중에 아주 신기한 장면을 목격했다. 배양기 안에서 잘 자라고 있던 세균 배양액에 이질 환자의 분변 여과액을 첨가했더니, 배양액이 하룻밤 사이에 맑아진 것이다. 그 뿐만 아니다. 고체 배지 위를 뿌옇게 덮고 자라던 세균의 층위에도 이 여과액을 뿌리면 투명한 반점들이 생겨났다. 보이지 않는 무언가가 세균들을 파괴했다고 직감한 그는, 이 미지의 생명체에게 '박테리오

---

* d'Herelle F. 「Sur un microbe invisible antagoniste des bacillus dysentérique」, 『*Comptes rendus*』, Acad Sci Paris, 165:373~375, 1917.

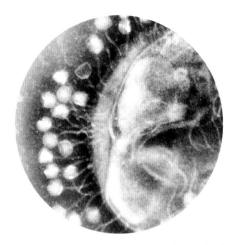

대장균 세포 표면을 덮고 있는 박테리오파지 T1의 모습

박테리오파지가 감염하여 고체 배지에서 자라고 있는
세균막에 작은 구멍이 많이 생겼다.

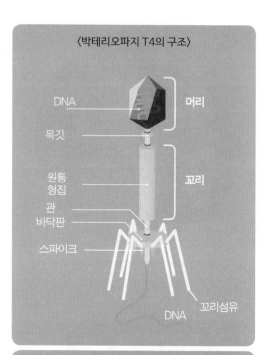

〈박테리오파지 T4의 구조〉

DNA — 머리

목깃

원통
형집 — 꼬리
관
바닥판

스파이크

DNA — 꼬리섬유

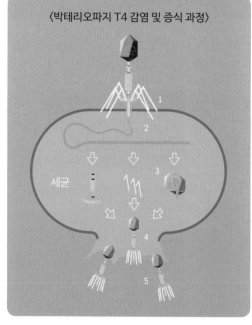

〈박테리오파지 T4 감염 및 증식 과정〉

세균

1
2
3
4
5

파지bacteriophage'라는 이름을 붙였다. '박테리아'와 '먹어 치우다'라는 뜻을 지닌 그리스어 'phagein'을 합쳐 만든 신조어다. 세균을 숙주세포로 여기고 감염하여 없애는 바이러스, 박테리오파지(간단히 파지phage)가 세상에 데뷔하는 순간이다.

병원균을 파괴하는 미생물 제품

2006년 미국 식품의약국은 '리스트쉴드ListShield'라는 신규 항생제(?)의 사용을 승인했다. 이 신제품의 정체를 알면 깜짝 놀랄 독자가 적잖을 것 같다. 바로 세균을 공격하는 바이러스, 박테리오파지가 듬뿍 들어 있는 용액이기 때문이다. 쉽게 말해서 바이러스 액을 햄이나 소시지 같은 육가공품에 뿌려서 소독하는 제품이다. 현재 판매되고 있는 리스트쉴드 제품은 파지 농축액이라서 물을 섞어서 사용해야 한다. 식품에 사용할 경우에는 희석액 1밀리리터면 약 2제곱미터의 표면적을 처리할 수 있다. 주변 환경을 소독할 경우에는 소독할 공간에 직접 뿌리거나 헝겊에 희석액을 묻혀서 문지르면 된다.

'리스트쉴드'란 세균 이름(속명)인 '리스테리아Listeria'와 방패를 뜻하는 영어 '쉴드shield'가 합쳐져 탄생한 제품명이다. 리스테리아 속 세균들은 동물의 장과 토양 등에 널리 분포한다. 이 가운

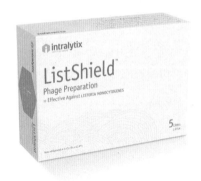
시판되고 있는 리스트쉴드 제품

데 리스테리아 모노사이토제니스*Listeria monocytogenes*라는 골칫거리가 있다. 백혈구 가운데 가장 큰 단핵구 monocyte 안에서 증식한다는 특성에서 유래한 종명이 이 세균의 교묘함을 잘 나타내 준다. 단핵구가 침입한 병원균을 잡아먹는 식균 작용을 하기 때문이다(33쪽 참조).

간혹 세균이 중추신경계로 침투하여 수막염을 일으키기는 경우가 있지만, 보통 건강한 사람은 리스테리아 모노사이토제니스에 감염되어도 큰 문제없이 보낼 수 있다. 그러나 면역력이 떨어진 환자에게는 매우 위협적일 수 있다. 특히 임산부는 더욱 주의를 해야 한다. 산모는 경미한 감기 증상을 보여도 태반을 통해 태아로 감염이 전파되면 유산, 심하면 사산까지 갈 수 있기 때문이다. 리스테리아 모노사이토제니스는 주로 육류와 샐러드 등 음식물에 오염되어 전파된다. 특히 이 세균은 냉장고 온도에서도 증식하기 때문에 음식을 냉장 보관해도 소용이 없다. 여기서 리스트쉴드가 개발된 이유를 충분히 이해할 수 있다.

물론 안전성이 과학적으로 입증되었다 하더라도 일반 소비자들이 파지가 살포된 먹거리를 거리낌 없이 받아들일 수 있을지는 모르겠다. 하지만 선입견에 의한 막연한 불안감을 떨쳐낼 수 있다면, 파지는 다른 식품 매개 병원체들을 선택적으로 저격하는 마법 탄환이 될 것이다. 치료용 항생제에 내성을 갖는 슈퍼박테리아가 등장한 현실에서는 더욱 그러하다. 실제로 '파지 요법'에 대한 의학계의 관심이 날로 커지고 있다. 예컨대 2014년 유럽연합EU의 지원으로 스위스의 연구진은 화상 부위의 세균 감염 치료에 파지를 이용하는 임상 실험을 수행하기도 했다.

꼼짝 마, 슈퍼박테리아!

2016년 2월, 미국 샌디에고병원 중환자실에서 장염 치료를 받던 68세의 한 남성이 '이라키박터Iraqibacter'라는 슈퍼박테리아에 감염됐다는 날벼락 같은 진단을 받았다. 기회감염성인 이 세균의 정식 이름은 아시네토박터 바우마니Acinetobacter baumannii인데, 이라크 전쟁 동안 야전병원에서 많이 검출되어 이런 별칭이 붙었다. 비보를 전해 들은 그의 아내는 남편을 구하기 위해 이 병원균과의 일전을 결심했다. 슈퍼박테리아를 치료할 수 있는 항생제가 없다는 사실을 잘 알고 있던 그녀는 파지 요법을 선택했다. 이는 그녀가 샌디에고대학 글로벌보건연구원장이었기에 가능한 일이기도 했다.

17. 감염으로부터 인간을 보호하는 방패 미생물

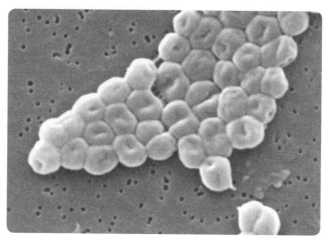

붙어 있는 아시네토박터 바우마니 세균들

　　그녀는 수소문 끝에 메릴랜드의 미해군 실험실에 남편의 생명을 위협하는 세균을 파괴할 바이러스가 있다는 사실을 알아냈다. 그러나 군부대 냉동고에 사랑하는 이의 생명을 구할 수 있는 유일한 신약(?)이 숨어 있다고 해도 아무도 그 효과를 장담할 수는 없었다. 더 큰 문제는 의료 당국으로부터 파지 요법 시술의 승인을 받아내는 것이었다. 그녀는 설득에 나섰다. 그리고 마침내 성공했다. 이 과정에서 그녀의 전문성과 지위가 큰 몫을 했다.

　　의료진은 파지들이 세균 감염 부위로 퍼져 나가기를 바라면서 공급받은 파지를 관을 통해 환자의 위 속으로 주입했다. 심지어 파지 용액을 혈관에 직접 주사하기도 했다. 그때까지 미국에서는 한 번도 시행된 적이 없는 파격적인 치료 방법이었다. 다음날 환자에게 패혈성 쇼크가 왔고, 파지 주입은 즉각 중단되었다. 다행히 환자는 회복되었고, 쇼크의 원인도 파지가 아닌 다른 세균 때문인 것으로 밝혀졌다. 이틀 후 파지 요법이 재개되었고, 한 달 후 고희를 바라보는 남성은 휠체어를 타고 바깥 공기를 쐬며 가족과 대화할 수 있게 되었다. 그는 자신이 지구상에서 가장 큰 기니피그guinea pig였다는 농담도 건넸다. 때마침 프랑스 파리에서는 박테리오파지 발견 100주년을 기념하는 학술 행사가 열렸다.

돌고 도는 오래된 미래

사실 박테리오파지를 이용한 세균 감염 치료는 100년 전부터 있었다. 1917년 논문 발표 당시, 펠릭스 데렐을 비롯한 일부 학자들이 이런 주장을 펼쳤다. 하지만 새로운 항생제가 연이어 발견되고 개발되면서 더 이상 빛을 보지 못했다.

세계 대전 이후 제약 업계가 본격적으로 성장한 것도 파지 요법을 경제적 변방으로 밀어내는 데 일조했다. 다국적 거대 제약회사들은 항생제 판매로 엄청난 수익을 올렸다. 제조와 복용이 쉽고 보관성도 뛰어난 이 특효약만 있으면 곧 모든 병원균을 제압할 것이라고 생각했다. 그러나 현실은 그렇게 녹록치 않았다. 세균의 반격이 시작된 것이다. 그 선봉에는 황색포도상구균이 버티고 있었다.

17. 감염으로부터 인간을 보호하는 방패 미생물

원조 항생제인 페니실린의 위력 앞에 맥을 못 추던 황색포도 상구균이 1950년대에 들어서면서부터 서서히 내성을 보이기 시작했다. 메티실린meticillin이라는 새로운 마법 탄환이 개발되었기에 큰 문제는 아닌 듯 했다. 30년쯤 지나자 여기에 내성이 생긴 세균 MRSA*Methicillin-resistant S. aureus*가 등장했다. 또 다시 새로운 항생제 반코마이신vancomycin으로 신속하게 대응했고, 여전히 싸움의 주도권은 인간에게 있다고 여겼다. 아니, 그러기를 바랐다는 게 더 정확한 표현일 것 같다. 1990년대 후반부터 반코마이신에 덜 민감한 황색포도상구균 VISA*vancomycin-intermediate S. aureus*가 나타나더니, 급기야 2002년 미국에서 반코마이신 내성 황색포도상구균 VRSA*vancomycin-resistant S. aureus*가 출현했다. 지금으로서는 이에 맞설 마법 탄환이 없다.

2010년 미국 전염병학회Infectious Disease society of America, IDSA는 2020년까지 10개의 새로운 항생제 개발을 목표로 "10×' 20 Initiative" 프로젝트를 시작했다. 새로운 마법 탄환의 타깃인 'ESKAPE 균'은 항생제 내성에 가장 문제가 되는 6종(*Enterococcus faecium, Staphylococcus aureus, Klebsiella pneumoniae, Acinetobacter baumannii, Pseudomonas aeruginosa, Enterobacter* spp.)의 세균 학명에서 각각 첫 글자만 딴 것이다. 하지만 새로운 항생제를 개발한다 하더라도 내성 출현의 역사는 반복될 게 뻔하다.

20세기의 가장 뛰어난 의학 성과로 불리는 항생제는 많은 생명을 구했지만, 무절제한 사용으로 이제 어떤 항생제에도 죽지 않는 슈퍼박테리아를 등장시키고 말았다. 보통 기생체는 숙주보다 작지만, 그 수는 훨씬 많다. 그리고 세균은 지구 어디에나 있는 가장 흔하고 많은 생명체다. 따라서 특정 병원균의 천적 파지를 찾는 것이 어려운 일은 아니다. 파지는 항생

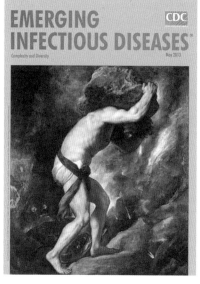

학술지 『신종감염성질병』 2013년 5월호 표지

제의 내성 문제를 푸는 해결사가 되어 줄 수 있다. 파지 요법의 또다른 장점은 숙주의 특이성이다. 유익균과 유해균을 가리지 않고 파괴하는 항생제와 달리, 파지는 표적 병원균만을 타격할 뿐만 아니라 세균이 아니면 아예 건드리지도 않는다. 그렇다면 과연 파지는 다시 굴러 떨어질 무거운 바위를 산꼭대기로 끊임없이 밀어 올려야 하는 시시포스의 굴레에서 우리를 '벗어나게escape' 할 수 있을까?

함께하면 맛있는 미味생물 삼총사?

우리말에 서툰 외국인이 "엄마 손맛이 좋다"는 말을 듣고 기겁했다는 우스갯소리를 들은 적이 있다. 손맛의 본뜻을 모르고 단어 그대로만 이해했다면 정말 충격적이었을 것 같기도 하다. 문득 우리네 어르신들이 맨손으로 조물조물 나물을 무치시는 모습에서 엉뚱한 생각을 해 본다.

'사람마다 손에 사는 미생물이 다 다른데, 혹시 손맛의 주인공이 이들은 아닐까?'

웃자고 한 소리니, 부디 심각하게 받아들이지는 마시기를. 하지만 음식의 맛을 내는 미생물이 있다는 건 사실이다. 그것도 매우 다양하게 말이다.

톡 쏘는 빵효모의 맛

효모는 한마디로 숨은 요리사다. 각종 빵과 음료가 모두 이들의 손(?)을 거쳐 가기 때문이다. 현재 1500종 넘는 효모가 알려져 있지만, 우리의 파티를 위해서는 단 1종, 바로 빵효모와 그의 형제들만 있으면 된다.

빵효모의 학명 '사카로미세스 세레비지에*Saccharomyces cerevisiae*'는 각각 '당Saccharo'과 '곰팡이myces', '맥주cerevisiae'를 뜻하는 라틴어를 조합한 것이다. 어원만 보면 '맥주 효모'로 부르는 게 맞다. 하지만 이 효모는 빵과 맥주의 발효를 모두 수행하니까 빵효모라 불러도 무방하다. 게다가 맥주 발효에는 다른 '형제 효모(변종)'들도 참여한다는 점을 고려하면, 오히려 빵효모라는 명칭이 더 나은 것도 같다.

효모는 발효 과정에서 탄산가스(이산화탄소)를 만든다. 이 때문에 빵 반죽이 부풀어 오르고 맥주 거품이 생긴다. 사실 효모를 뜻하는 영어 yeast(이스트)는 네덜란드어 gist에서 넘어왔고, 이 말은 '끓는다'는 뜻의 그리스어에서 유래했다.

맥주 발효가 진행되는 과정에서 발효의 산물로 생성되는 이산화탄소 때문에 위로 떠오르는 효모(상면 발효 효모)가 있는가 하면, 반대로 뭉쳐서 바닥으로 가라앉는 효모(하면 발효 효모)도 있다. 상면과 하면 발효 효모를 각각 따로 사용하여 만든 맥주가 에일ale과

위에서 왼쪽부터 시계 방향으로 100배 확대한 빵효모 사카로미세스 세레비지에와 발효 중인 빵 반죽, 맥아, 포도. 발효 중에 효모가 만든 탄산가스 때문에 부풀어 오르거나 거품이 생긴다.

라거lager다. 사카로미세스 세레비지에가 대표적인 상면 발효 효모이고, 유명한 하면 발효 효모로는 사카로미세스 카를스베르겐시스*Saccharomyces carlsbergensis*를 들 수 있다. 보통 상면 발효 효모는 하면 발효 효모보다 더 높은 온도에서 발효하기 때문에 발효가 더 빨리 끝난다.

맥주의 주원료인 맥아는 보통 보리를 발아시킨 다음 말려서 빻은 가루다. 여기에는 보리의 전분(녹말)을 분해하여 포도당과 엿당 같은 달콤한 당으로 분해하는 '아밀라아제'라는 효소가 들어 있다. 아밀라아제는 우리의 침 속에도 들어 있다. 밥을 씹을수록 단맛이 나는 이유가 여기에 있다. 다이어트에 신경 쓰는 애주가들을 겨냥해서 만든 '라이트 비어light beer'의 비밀도 아밀라아제와 관련 있다. 맥아에 아밀라아제를 첨가하면 맥아에 있는 전분이 당분으로 더 많이 분해된다. 알코올 발효의 원료가 늘어난 만큼 발효가 끝나고 나면 알코올도 그만큼 많아진다. 반대로 맥주에 남아 있는 전분, 즉 탄수화물은 줄어든다. 이런 저칼로리 맥주는 물을 더하여 알코올 도수를 조절한다.

포도는 효모가 직접 발효시킬 수 있는 당분이 풍부한 몇 안 되는 과일 가운데 하나다. 포도에는 당분 외에도 말산이나 타타르산 같은 유기산과 비타민, 미네랄 등이 다량 들어 있다. 포도주의 양조법은 포도를 으깨어 효모와 함께 발효기에 넣는 것으로 시작된다. 발효가 끝나면 건더기를 제거한 발효액을 침전조로 옮기고, 부유물을 가라앉힌다. 끝으로 맑아진 포도주를 걸러 포도주 통에 담아 숙성시킨다. 신 포도로 와인을 만들 때에는 유기산 함량이 높아 유산균의 역할도 중요하다. 왜냐하면 산성이 강한 유기산을 상대적으로 산성이 약한 젖산으로 변환시키기 때문이다. 이러한 과정을 거치면 신맛은 줄고 깊은 맛이 나는 포도주가 된다.

시큼한 유산균의 맛

우리나라에서는 치즈가 샌드위치와 햄버거, 피자뿐 아니라 라면과 떡볶이, 찌개 등 각종 음식과 어우러져 많은 사람의 입을 즐겁게 한다. 치즈란 우유를 비롯한 포유동물의 젖을 응고시켜 만든 발효 유제품이다. 원유에 유산균 또는 기타 응유 효소를 첨가해 단백질(카제인)을 응고시킨 다음, 수분을 제거하고 숙성시켜 치즈를 만든다. 응고된 덩어리를 커드curd, 이를 제외한 액체를 유청이라고 한다.

치즈는 종류가 다양하지만, 기본 재료는 커드다. 물론 리코타치즈처럼 유청을 원료로 만드는 것도 있다. 커드의 숙성 과정에 참여한 미생물에 따라 특유의 맛과 향이 결정된다. 보통 단단한 정도로 치즈를 분류하는데, 치즈의 단단함은 숙성 과정에서 결정된다. 커드에서 수분이 많이 빠질수록 치즈가 더 단단해진다.

딱딱한 체다치즈와 스위스치즈는 산소가 없는 상태에서 자라는 유산균에 의해 숙성된다. 치즈는 오래 숙성시킬수록 산성을 더 띠고 쏘는 맛이 강해진다. 스위스치즈에 있는 구멍은 프로피오니박테리움Propionibacterium 종이 방출하는 이산화탄소 때문에 만들어진다. 림버거치즈처럼 좀 더 부드러운 치즈는 표면에서 자라는 세균과 다른 주변 미생물에 의해 숙성된다.

블루치즈와 로퀴포트치즈는 푸른곰팡이, 즉 페니실륨 로케포

블루치즈 속에 보이는 푸른곰팡이(왼쪽)와 카망베르 겉에 묻어 있는 흰곰팡이(오른쪽)

르피*Penicillium roqueforti*의 작품이다. 이들 치즈에서 보이는 청록색 물질이 바로 푸른곰팡이다. 부드러운 카망베르치즈는 작은 통에서 숙성시킨다. 왜냐하면 표면에서 자라는 흰곰팡이, 즉 페니실륨 칸디듐*Penicillium candidum*이 치즈 속으로 스며들어 가서 치즈를 숙성시킬 수 있도록 하기 위해서다. 카망베르 겉에 묻어 있는 하얀색 가루 같은 것이 바로 흰곰팡이다. 이 곰팡이는 브리치즈를 만들 때에도 사용한다.

약산성 유제품인 요구르트도 세계적으로 애용되는 식품이다. 시중에 판매되는 떠먹는 요구르트는 대부분 진공 팬에서 수분의 4분의 1 이상을 증발시킨 우유로 만든다. 여기에 보통 스트렙토코쿠스 서모필루스*Streptococcus thermophilus*와 불가리아젖산간균 *Lactobacillus bulgaricus*과 같은 유산균을 넣는다. 전자는 산을 만들고, 후자는 맛과 향을 낸다. 섭씨 45도 정도에서 몇 시간 동안 발효

18. 함께하면 맛있는 미味생물 삼총사?

시키면 스트렙토코쿠스 서모필루스가 젖산간균보다 많아진다. 요구르트 생산의 비법은 맛을 내는 미생물과 산을 생성하는 미생물 간의 균형에 있다.

누룩꽃이 피면 한국은 맛있어진다?

'누룩' 하면 흔히 막걸리를 떠올린다. 누룩은 밀이나 콩 따위를 찐 다음에 굵게 갈아 반죽하여 덩이를 만들어 띄운 것이다. 누룩이 익는 동안 곰팡이가 피는데, 이를 누룩곰팡이 또는 국균麴菌이라고 한다. 분류학적으로는 아스퍼질러스*Aspergillus* 속 곰팡이다. 대표적인 누룩곰팡이로는 황국과 흑국, 백국 등이 있다. 어떤

왼쪽은 누룩이고, 오른쪽은 누룩곰팡이(아스퍼질러스 오리자에, *Aspergillus oryzae*)다.

종류의 곰팡이가 자라는가는 분쇄된 곡물의 입자 크기와 수분, 온도에 따라 달라진다. 또한 덩이의 모양도 중요한 요소다. 두께와 넓이에 따라 달라지는 공극률이 누룩 내의 산소 함유량을 결정하기 때문이다.

누룩곰팡이는 술 빚는 과정에서 알코올 발효의 원료가 되는 당분을 만든다. 이미 설명한 대로 효모는 곡물의 주성분인 전분을 직접 이용하지 못한다. 술밥에 누룩을 고루 섞어 주면 누룩곰팡이가 먼저 전분을 분해해서 당분으로 만든다. 그리고 나면 비로소 효모가 알코올 발효를 시작한다. 우리나라의 막걸리는 이렇게 익어 간다.

아스퍼질러스 속은 진균 가운데 구성원의 종류가 가장 많다(2017년 현재 350종 이상). 다양한 종이 있다 보니 누룩곰팡이처럼 유익한 것도 있지만, 반대인 경우도 있다. 예컨대 아스퍼질러스 플라부스*Aspergillus flavus*가 만드는 독소는 사람과 가축에게 치명적이고, 암까지 유발하는 것으로 알려져 있다. 아플라톡신aflatoxin이라는 이 독소의 이름은 속명의 첫 글자 'A'와 종명의 'fla'에 독소를 뜻하는 영어 'toxin'을 더해 만든 것이다.

누룩에는 곰팡이 말고도 효모와 유산균, 고초균 등 다양한 미생물이 어울려 살고 있다. 학명 바실루스 서틸리스*Bacillus subtilis*인 고초枯草균은 이름에서 알 수 있듯이, 마른 풀은 물론이고 공기와 토양 등 여러 자연 환경에 널리 분포한다. 고초균은 누룩곰팡이와

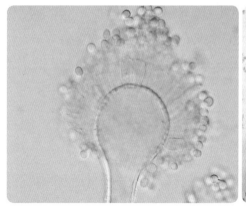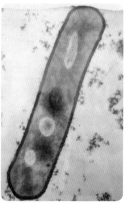

아스퍼질러스 플라부스(왼쪽)와 바실루스 서틸리스(오른쪽)

더불어 우리나라의 된장과 고추장, 간장의 맛을 내는 데에 없어서
는 안 될 중요한 메주 발효 세균이다.

전통 장은 주원료인 메주가 중요하다. 메주는 보통 그해에 나
온 해콩으로 초겨울에 만든다. 먼저 가마솥에 해콩을 넣고 푹 삶는
다. 잘 무른 콩을 절구에 넣고, 절굿공이로 찧는다. 으깨진 콩을 틀
에 넣거나 손으로 빚은 다음에 초벌로 말린다. 마지막으로 꾸덕해
진 메주 덩이를 볏짚 위에 두거나 볏짚으로 꼬아서 높이 매달아 겨
우내 둔다. 그러면 메주 덩이에서도 맛있는 곰팡이가 핀다. 메주를
만드는 과정을 보면 우리 조상들은 이미 고초균의 비밀을 알고 있
었던 듯하다.

2010년 농촌진흥청에서 우리나라의 재래식 메주를 대상으로
미생물 조사를 실시한 적이 있다. 미생물 배양에만 의존하던 이전

연구와 달리 이번에는 첨단 유전자 해독 기술을 동원했다. 다시 말해서, 배양 과정 없이 메주에서 직접 미생물의 DNA를 추출해 유전자를 분석한 것이다. 그 결과, 잘 띄워진 메주에는 적어도 800종

메주 덩이를 말리는 모습

이상의 미생물이 있었는데, 미생물의 조성은 지역별로 달리 나타났다. 그러나 대략 전체 메주 미생물의 3분의 1은 락토바실러스 세균을 비롯한 유산균이 차지했다.

발효의 양상을 결정하는 가장 중요한 요소는 바로 미생물이다. 따라서 지역마다 다른 토종 메주 미생물이 있다는 사실은, 그 고장의 장맛은 미생물에 달려 있음을 깨우쳐 준다. 이들 발효 일꾼은 온도와 습도 같은 환경 요인에 따라 다른 능력을 발휘하기 때문에, 특급 토산 메주는 미생물에 그 지역의 날씨와 고유한 메주 띄우기 방식이 더해져 마침내 완성된다. 어쨌든 미생물학적으로 보면 메주는 누룩곰팡이와 고초균, 유산균 등이 어우러진 미생물 집합체다. 한마디로 메주는 건강식품을 만드는 미생물 요리사의 산실이다.

우리는 미생물 세계 안에서만 산다

뛰어난 생존과 번식과 적응 능력 덕분에 미생물은 심해 열수구에서 동물의 소화관까지 지구에 존재하는 생명체 중에서 가장 널리 퍼져 살고 있다. 그 종류도 다양하여 지구에 있는 다른 모든 생명체를 다 합쳐도 미생물의 다양성을 당할 수가 없다. 현재 지구에는 약 100만 종의 동물과 35만 종의 식물 그리고 최소 1조 종 이상의 미생물이 살고 있다고 한다. 그러나 이 가운데 현재의 기술로 배양할 수 있는 미생물은 1퍼센트 정도에 불과하다. 따라서 자연계에는 우리가 아직 접하지 못한 수많은 미지의 미생물들이 도처에 있다고 볼 수 있다.

우리는 미생물의 세계 안에서 살아간다. 우리가 무엇인가를 하면 그들은 변화하고, 그러면 다시 우리가 변화하게 된다. 이러한 미생물과의 밀고 당김은 인간이 존재하는 한 계속된다. 여기서 절대 불변의 진리는 미생물 없는 인간 삶도 곧 종말이라는 것이다.

지구의 균형을 잡아주는 미생물

20세기 초 영국의 신학자 윌리엄 잉William Ralph Inge, 1860~1954 이 말하기를, 자연은 동사 '먹다'의 능동형과 수동형으로 이루어진다고 했다. 쉽게 말해서 지구에 사는 모든 생물은 먹고 먹히는 관계라는 얘기다. 이를 생물학 용어로 표현하면 '먹이 그물'이라고 한다. 이런 관계 속에서 생물은 생산자와 소비자, 분해자로 구분할 수 있다.

모든 생물은 살아가려면 에너지와 물질이 필요하다. 태양에서 유래된 에너지는 여러 생명체를 통과하면서 활용되거나 저장되기도 하지만, 결국에는 열의 형태로 지구 밖으로 빠져 나간다. 따라서 에너지의 흐름은 일방통행이다. 반면, 물질은 지구 밖에서 유입되는 것이 아니라 지구 안에서 끊임없이 순환한다.

240쪽의 그림처럼 생산자에서 출발한 물질은 어디를 통과하든 최종적으로 분해자에게 모였다가 다시 생산자로 돌아온다. 이 유인즉슨, 궁극적으로 모든 생명체는 죽음을 맞는데, 그 사체는 분해되어 생산자가 새로운 영양분을 만드는 데 원료로 다시 쓰이기 때문이다. 살아 있는 생물과 죽은 생물을 연결해 주는 분해자 역할

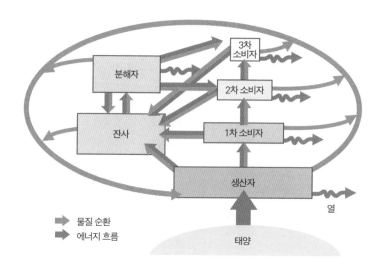

물질 순환
물질 순환
에너지 흐름

〈물질 순환과 에너지 흐름을 보여 주는 먹이 그물〉

은 세균과 곰팡이를 비롯한 미생물만이 해낼 수 있다. 미생물은 지구 생태계의 화학 균형을 유지함으로써 모든 생명체가 자립하여 살아갈 수 있게 해 준다.

지구의 생명은 미생물에 달렸다

1991년 9월 어느 날, 미국 애리조나주 투손사막에서 8명의 지원자가 열렬한 환호 속에 '바이오스피어2(242쪽 그림 참조)'라는 거대한 투명 유리 돔 구조물(면적 약 13000제곱미터)에 들어갔다. '생물권生物圈'으로 번역되는 '바이오스피어biosphere'는 지구에서 생물이 살고 있는 곳 전체, 즉 지구 생태계를 말한다. 이 실험의 목적은 지구의 축소판을 만들겠다는 것이었다. 말하자면, 생물이 유한한 자원으로도 지구처럼 태양 에너지에만 의존해서 살 수 있는 환경을 창조하는 것이었고, 궁극적으로는 화성 같은 외계 행성에 새로운 세계를 만들 가능성을 타진해 보려는 시도였다.

이 지구 모형에는 약 3000종에 달하는 동식물이 투입되었고, 7개의 생태 구역(열대우림, 바다, 습지, 사바나 초원, 사막, 농경지, 인간 주거지)이 조성되었다. 그리고 여기에 입주한 사람들은 햇빛을 제외하고는 외부와 완전히 격리된 채 2년간 자급자족 생활을 했다. 처음 몇 달간은 모든 것이 정상이었다. 그런데 어느 순간 갑자기 산소량이 감소하고, 이산화탄소량이 치솟기 시작했다. 대기 조성은 예기치 못한 변화를 맞았고, 이는 기후 변화로 이어졌다. 그러자 생물들이 하나씩 사라지기 시작했다. 꽃가루를 옮기는 곤충들도 예외가 아니었다. 수분이 제대로 이루어지지 않으니 식물도 같은 처지에 놓였다.

식물이 하나씩 사라지자 광합성도 줄어들었다. 이산화탄소만 증가하는 악순환에 빠져들게 되었다. 늘어난 이산화탄소를 감당하기에는 인공 바다도 역부족이었다. 바닷물은 금세 산성화가 되면서 산호들도 사라져 갔다. 이어서 해양 생물들도 없어지기 시작했다. 가상 지구의 생명부양시스템이 붕괴된 것이다. 대원들이 2년간

바이오스피어2 전경(위)과 내부 바다의 모습(아래)

4부 미생물 없이는 못 살아

의 사투를 마치고 유리 온실 밖으로 나왔을 때, 함께 들어간 동식물의 90퍼센트 이상은 멸종한 상태였다.

바이오스피어2의 내부 산소량이 감소한 이유로 몇 가지가 제기되었다. 우선 콘크리트 구조물이 산소를 엄청나게 흡수했다는 주장이 나왔다. 곧이어 일조량이 부족해서 식물이 광합성을 원활히 하지 못했고, 그래서 산소생산량도 함께 줄었다는 사실이 밝혀졌다. 하지만 아이러니하게도 가장 큰 원인은 가장 작은 것에 있었다.

바이오스피어2를 만들 때, 눈에 보이는 동식물군은 그 안에 골고루 잘 조성했다. 또한 농사를 잘 짓기 위해 유기물 함량이 높은 흙도 넣어 주었다. 그런데 이 흙이 문제였다. 흙 속에 있던 미생물들이 먹이(유기물)가 풍부해지자 급격히 증가한 것이다. 다시 말해, 산소로 숨을 쉬며 이산화탄소를 내뿜는 미생물의 수가 많아진 것이다. 급기야는 이산화탄소 농도가 식물의 광합성으로 조절할 수 있는 범위를 벗어났다.

애초부터 미생물을 고려 대상에 넣었더라면, 엄청난 노력과 비용이 들어간 야심찬 프로젝트가 이렇게 허무하게 끝나지는 않았을 것이다. 하지만 바이오스피어2가 완전히 실패한 것은 아니었다. 이를 계기로 하나뿐인 지구 생태계Biosphere1의 소중함과 미생물의 힘을 실감했기 때문이다. 현재 바이오스피어2는 애리조나주립대학교에 소관되어 환경 교육의 장이자 생태 관광지로 활용되고 있다(http://biosphere2.org).

19. 우리는 미생물 세계 안에서만 산다

가이아의 정체는 미생물이다?

1970년대 후반 영국의 과학자 제임스 러브록James Lovelock, 1919~은 지구도 생명체가 생명을 유지하기 위해 항상성을 유지하는 것과 마찬가지로 움직인다는 다소 황당해 보이는 주장을 들고 나왔다. 그는 자기주장만큼이나 특이한 사람이다. 미국 항공우주국 나사 NASA를 비롯해서 저명한 연구 기관에서 활발하게 연구하다가, 어느날 갑자기 이 모든 것을 박차고 나와 자기 집에 실험실을 차렸으니

말이다. 나사 근무 시절에는 화성 탐사 계획인 '바이킹 프로그램'에도 참여하여, 우주선이 화성에 착륙한 다음 생명체의 흔적을 찾을 수 있는 방법을 개발하기도 했다. 바로 이 과정에서 러브록은 지구 생물권의 작동 방식을 새로운 관점에서 보게 되었다고 한다.

제임스 러브록

앞서 240쪽의 '먹이 그물' 그림에서 보듯이, 지구 안에서는 물질이 끊임없이 대기를 오간다. 이 때문에 화성을 비롯한 다른 행성과 달리 지구에서는 대기 조성이 계속 변한다. 그러나 그 변화의 폭은 아주 좁고, 그 범위도 지구의 역사에서 크게 벗어나지 않았다.

바다의 염도와 지구 온도도 마찬가지다. 이런 역동적 안정성은 어떻게 가능할까? 러브록은 지구가 일종의 초유기체로 자기 조절을 하기 때문이라고 주장한다. 그리고 이를 '가이아* 가설'이라고 불렀다. 지구는 지구에 존재하는 생명체들과 무생물 요소들의 무수한 상호작용으로 이루어진, 다시 말해 자기 조절 능력이 있는 하나의 개체로 기능한다는 것이 이 가설의 핵심 내용이다. 과학자들은 러브록이 지구를 고차원의 생명, 즉 일종의 초유기체로 간주한다고 비판했고, 환경운동가들은 이를 환영했다.

가이아 가설은 루소Jean Jacques Rousseau나 동양 철학 등의 사상을 폭넓게 수용한다. 이를 지지하는 사람들은 현대 문명이 지구의 균형을 깨뜨리고 있으며, 우리는 지구가 자기 조절을 할 수 있도록 보장해야 한다고 말한다. 2010년대 초반 인터뷰에서 러브록은 자기 직업을 '행성 의사planetary physicians'라고 새롭게 소개하고, 가이아의 복수가 이미 시작되었다고 주장했다. 그리고 산업 문명이 가져온 기후변화로 인류는 21세기가 끝나기도 전에 유명을 달리할 것이고, 극소수만이 극지방 정도에 살아남을 것이라는 암울하고 섬뜩한 진단을 내놓았다.

지구 전체로 보면 생명체가 있는 육지와 물, 대기를 아우르는 공간은 지구 표면의 극히 얇은 층이다. 그런데 이런 생물권의 극히

---

* Gaia, 그리스 신화에 나오는 대지의 여신으로 세상을 모두 지배하는 '지배 여왕'이라는 별명도 있다.

일부를 차지하며 살고 있는 인간은 이곳의 주인 행세를 하고 있다. 반면, 미생물은 생물권 전체의 물질 순환을 관장하고 화학 균형을 유지함으로써 모든 생명체의 존립에 필수적인 역할을 은밀하게 수행하고 있다. 한마디로 지구의 눈에 보이는 모든 삶은 보이지 않는 미생물에게 의존하고 있다는 얘기다. 그렇다면 러브록이 말한 가이아의 정체는 바로 미생물이 아닐까?

다양한 미생물이 공존하는 세상이어라

앞서 바이오스피어2에서 추구했던 완벽한 물질 순환 개념은 새로운 것이 아니다. 원조 바이오스피어2는 이미 100여 년 전에 만들어졌다. 비록 동식물이 배제된 미생물만의 터전이기는 하지만. 1880년대에 세르게이 위노그라드스키Sergei Winogradsky, 1856~1953라는 러시아 미생물학자가 간단함 속에 오묘함이 깃든 기구, 바로 '위노그라드스키 컬럼Winogradsky column'을 만들었다. 제작 방법은 초등학생도 만들 수 있을 만큼 쉽고 간단하다.

1.5리터짜리 투명한 페트병과 신문지, 달걀 한 알을 준비한다. 페트병은 입구 부분을 잘라 원통 형태로 만들어 준다. 연못이나 개울 바닥에서 채취한 흙을 페트병에 3분의 1쯤 채운다. 여기에 잘게 찢은 신문지와 잘게 부순 달걀 껍데기, 달걀노른자를 넣고 함께 섞

어 준다. 끝으로 연못이나 개울의 물을 채운 뒤 입구를 비닐로 덮고 고무줄로 고정한다. 이제 햇빛이 잘 드는 곳에 놓아두고, 두어 달 정도 바라만 보면 된다. 시간이 지나면서 원통에 색색의 층이 생길 것이다. 아래에서부터 검은색, 보라색, 초록색 등이 순서대로 보일 것이다. 컬럼 안에서 무슨 일이 일어난 것일까? 이런 수채화(?) 탄생의 원리를 이해하기 위해서는 약간의 생물학 지식이 필요하다.

불꽃처럼 타오르는 생명들

위 소제목은 단순한 문학적 은유가 아니다. 과학적 사실이다. 연소와 호흡은 기본적으로 같은 화학 반응이기 때문이다. 인공호흡과 모닥불에 하는 부채질을 생각해 보자. 모두 꺼져가는 생명과 불을 살리기 위한 노력 아닌가! 핵심은 산소다. 도대체 여기서 산소가 어떤 일을 하는 것일까?

국립국어원에서는 연소燃燒를 "물질이 산소와 화합할 때에 많은 빛과 열을 내는 현상"이라고 정의하고 있다. 과학 용어를 사용하여 재정의하면, 물질이 산화(산소와 화합)되면서 에너지(빛과 열)를 내는 현상이다. 우리도 각 세포에서 음식을 소화해서 얻은 영양분을 태우고 있다. '칼로리를 태우라'는 다이어트 구호에서 이런 사실을 엿볼 수 있다.

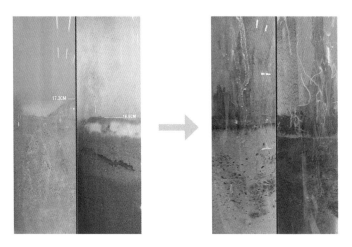

위노그라드스키 컬럼을 제작한 직후(왼쪽)와 두 달 지난(오른쪽) 모습

연소와 호흡은 모두 같은 산화 반응이고, 반응의 최종 산물은 이산화탄소와 물이다. 연소 과정에서는 빠르게 한꺼번에 에너지가 방출되지만, 호흡에서는 천천히 단계적으로 에너지가 방출된다는 속도의 차이만 있을 뿐이다. 어떤 물질이 산소 원자(O)와 결합하거나 수소 원자(H)를 잃어버리는 것을 산화酸化라고 한다. 이것의 정반대는 환원還元이다. 상대적으로 더 환원된, 즉 수소 원자가 더 많은 물질은 그만큼 에너지가 많다. 이해하기 어렵다면 그냥 외워도 좋다.

원자는 물질의 기본 구성 단위다. 원자는 하나의 핵과 이를 둘러싼 전자로 이루어져 있다. 전자의 수는 원자에 따라 다르다. 핵과 전자는 각각 양성(+)과 음성(-)을 띠는데, 평소에는 이 둘이 상쇄되

20. 다양한 미생물이 공존하는 세상이어라

어 있어서 원자는 전기적으로 중성이다. 원자 수준에서도 음양의 조화가 있는 셈이다. 하지만 전자는 수시로 원자 사이를 오간다. 이 것이 화학 반응이다. 따라서 전기적으로 중성인 원자가 전자를 잃 으면 양이온이, 전자를 얻으면 음이온이 된다. 이런 맥락에서 우리 가 먹은 밥이 몸 안에서 어떻게 변해 가는지를 살펴보자.

녹말(다당류)이 주성분인 밥은 입과 위, 소장 등을 통과하면 서 소화되어 포도당과 같은 단당류 형태로 분해된다. 그리고 그 다음에 혈액에 의해 각 세포로 전달된다. 세포에 도달한 포도당 ($C_6H_{12}O_6$)은 단계적으로 산화되면서 에너지를 방출하고, 최종적으 로 이산화탄소(CO_2)로 전환된다(광합성의 역반응임을 주목). 달리 말 하면, 포도당이 분해되면서 여기에 저장되어 있던 에너지가 수소 원자(H^+)와 전자(e^-)에 담겨 방출되는데, 이 에너지를 세포가 사용 한다. 그리고 남겨진 빈 용기인 수소 원자와 전자는 산소와 결합

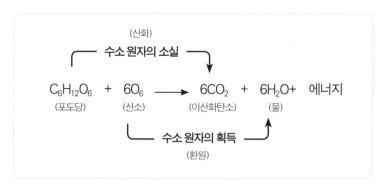

〈산화-환원 반응으로 본 호흡〉

하여 물(H_2O)이 되니, 산소는 수고하고 지친 수소 원자와 전자를 품에 안아 쉬게 함으로써 대부분 생물(모든 생물이 그러한 것은 아님에 유의 바람. 271쪽 참조)의 삶을 유지시키고 있는 것이다.

생명체 내에서의 에너지 흐름은 결국 전자의 흐름이다. 마치 야구 경기에서 타자가 방망이를 휘두른 힘이 야구공에 실려 이동하는 것처럼, 수소 원자(H^+)와 전자(e^-)를 매개체로 이루어진다. 이는 1937년에 노벨 생리의학상을 수상한 얼베르트 센트죄르지Albert Szent-Györg, 189~1986의 말에서도 잘 드러난다.

"생명이란 쉴 곳을 찾는 전자다."

작은 미생물 세상 만들기

삶은 달걀을 먹다보면 노른자 표면이 검푸른 것을 보곤 한다. 달걀에 있는 황(S)과 철(Fe)의 성분이 만나서 생긴 색이다. 위노그라드스키 컬럼의 아래 부분이 시간이 지남에 따라 검게 보이는 이유도 마찬가지다. 섞어 준 노른자가 썩는 과정에서 황화수소(H_2S) 가스가 발생한다. 황화수소 자체는 무색이지만, 철과 결합하면 검은 색을 띤다. 황화수소는 악취가 날뿐 아니라 동식물을 비롯한 거의 모든 생물에게 매우 해로운 기체다. 간혹 정화조 청소나 하수도 내부 작업 중에 유독 가스를 마셔 사망했다는 안타까운 뉴스를 접하게 된다. 몸 안으로 들어온 다량의 황화수소가 호흡을 방해했기 때문에 생긴 참사다. 정확하게 말하면, 전자와 산소의 만남을 막았기 때문이다. 그런데 놀랍게도 이렇게 해로운 기체를 이용해서 사는 세균들도 있다.

광합성은 빛 에너지로 물(H_2O) 분자에서 수소(H) 원자와 전자(e-)를 떼어낸 다음에 이산화탄소(CO_2)와 결합시켜 포도당($C_6H_{12}O_6$)을 만들어내고, 산소(O_2)를 내보내는 과정이다. 앞서 설명한대로, 지구가 지금처럼 다양한 생명체가 어우러진 녹색 행성이될 수 있었던 것은 물을 분해해서 광합성을 하는 방법을 터득한 남

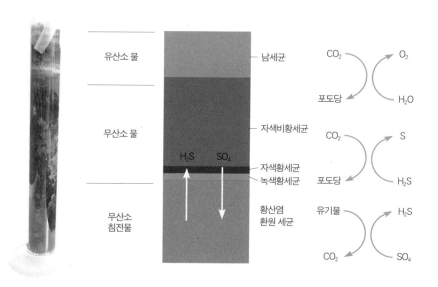

〈2개월이 지난 위노그라드스키 컬럼의 전체 모습〉

세균(시아노박테리아) 덕분이다. 하지만 꼭 물을 분해해야만 광합성을 할 수 있는 것은 아니다. 물과 황화수소의 화학식 H_2O와 H_2S를 비교해 보자. 물 대신 황화수소를 이용하여 광합성을 하는 세균이 있는 것을 보면 문외한 눈에만 두 화학식이 비슷해 보이는 것은 아닌 것 같다. 이런 황 광합성 세균들 가운데 상당수가 보라색이다. 그리고 컬럼의 가장 위쪽에는 초록색의 남세균이 서식한다. 이들은 식물과 똑같은 광합성을 수행하면서 산소를 배출한다. 덕분에 이곳에는 많은 종류의 미생물이 존재하며, 조류를 비롯한 진핵생물이 나타나기도 한다.

상호작용을 배운다

돌발 퀴즈!
위노그라드스키 컬럼에서 가장 핵심이 되는 두 물질은?

모두 "산소"와 "황화수소"라고 쉽게 답하기를 바란다. 컬럼 위쪽은 산소 발생형 광합성이 활발하여 산소가 풍부하다. 컬럼 아래로 내려갈수록 산소 농도가 줄어들다가 결국에는 제로가 되고 만다. 무산소 상태라면…… 사람을 비롯한 모든 동식물은 곧 죽는다. 매우 유감스럽지만 엄연한 사실이다. 그런데 이렇게 극단적으로 암울한 상황에서도 아무런 문제없이 살아가는 생명체가 있다면 믿을 수 있겠는가? 그런 생명체가 있다. 바로 일부 미생물이다. 도대체 산소 없이 살아가는 이들은 어떻게 호흡을 한단 말인가? 호흡에서 산소가 하는 일을 올바로 알고 있다면, 이에 대한 답을 그리 어렵지 않게 찾을 수 있다.

우리가 섭취한 음식물에서 나온 전자를 최종적으로 받아들이는 것이 산소이고, 이 과정이 바로 '호흡'이라고 했다. 그러니 마지막에 전자를 받는 역할에 다른 물질을 이용할 수만 있다면 산소가 없어도 호흡에 별 문제가 없을 것이다. 많은 미생물이 이 능력을 가지고 있다. 산소 외에 다른 물질로 호흡할 수 있는 능력, 이것을 산소를 이용하는 산소 호흡(유기 호흡)과 대비하여 무산소 호흡(무기 호흡)이라고 한다.

황화수소가 스미어 올라오는 컬럼 중간 부분에서는 황 광합성 세균만 살지 않는다. 아예 황화수소를 먹고 사는 황세균도 있다. 위노그라드스키가 발견한 베기아토아^{Beggiatoa} 같은 세균은 H_2S를 황(S^0)을 거쳐 황산염(SO_4^{2-})으로 산화하면서 에너지를 뽑아낸다. 이렇게 생성된 황산염은 물에 녹아서 산소가 없는 컬럼 아래 지역으로 퍼져 나간다. 이곳에서는 다른 종류의 세균들이 신문지(섬유소)를 발효하면서 살아간다. 이 과정에서 에탄올이나 초산 등과 같은 유기물이 만들어진다. 그러면 또 다른 세균들이 이런 발효 산물을 산화해서 에너지를 얻는다. 이 과정에서 발효 산물에 있던 수소

이온과 전자는 결국 황산염에 전달되어 다시 황화수소가 만들어진다. 산소 대신 황산염을 이용한 무산소 호흡이다. 그리고 황화수소는 순환 여행을 또 다시 시작한다.

위노그라드스키 컬럼은 다양한 미생물들이 상호 의존적으로 살아가는 작은 생태계를 보여 준다. 이 생태계는 빛을 제외하고 외부에서 추가로 공급되는 것이 전혀 없어도 내부 미생물들의 상호작용에 의해서 유지되는 모습을 그대로 담고 있다.

20. 다양한 미생물이 공존하는 세상이어라

그대 없이는 못 살아

중국 후한後漢 말기에 활동했던 학자 채옹은 박식함만큼이나 효심으로도 유명하다. 그는 노환으로 몸져누운 어머니 곁에서 3년 동안 극진히 병간호를 했다. 하지만 효자의 지극 정성도 자연의 섭리를 거스를 수는 없는 법. 끝내 어머니를 보내드려야만 했던 채옹은 커다란 슬픔 속에 시묘*를 했다. 그런데 무덤 옆에서 자라던 두 나무의 가지가 언제부턴가 가까워지더니 급기야 서로 엉켜 한 나무처럼 되고 말았다. 사람들은 나무가 채옹의 효성에 감복하여 한 몸이 된 것이라고 말했다. 연리지連理枝에 얽힌 이야기다. 두 나무의 가지가 맞닿아서 서로 결이 통한 것을 뜻하는 '연리'는 원래 효

• 侍墓. 부모의 상중에 3년간 그 무덤 옆에서 움막을 짓고 사는 것을 말한다.

심을 뜻하는 말이었으나, 지금은 화목한 부부나 남녀 사이를 비유적으로 이르는 말로 쓰이고 있다. 미생물 세계에도 다양한 연리지가 있다.

기생일까, 공생일까?

산책하다 보면 돌이나 나무 껍데기에서 258쪽 사진 같은 모습을 자주 볼 수 있다. 많은 사람이 이를 모두 '이끼'라고 생각하지만, 사실은 그렇지 않다. 이끼는 잎과 줄기의 구별이 분명하지 않고, 관다발이 없는 '식물'이다. 반면 지의류는 전혀 다른 두 종류의 미생물 균류(곰팡이)와 조류가 포용적으로 만나 이룬 삶이다. 더 들여다보면 균류(곰팡이)가 조류를 온통 감싸고 있는데, 사실은 곰팡이가 조류 안으로 파고 들어가 있는 것이다. 엄밀히 말하면 감염이다. 그렇다면 곰팡이가 조류에 기생하고 있는 것일까?

기생(다른 사람을 의지하여 삶)과 공생(서로 도우며 함께 삶)은 정확히 구분하기 어려운 경우가 많다. 우리가 편의상 그렇게 나누어 말하는 것이지, 당사자에게 물어보지 않는 이상 어떻게 그 진실을 알 수 있겠는가? 우리네 삶도 그렇지 않은가? 예컨대 열렬히 사랑하는 남녀가 있다. 제삼자의 눈에는 둘 중 하나가 손해 보는 것 같다. 그래서 입방아에 오르내린다.

이끼(위)와 바위 표면에 자라고 있는 지의류(아래)

4부 미생물 없이는 못 살아

"왜 쟤는 저런 사람을 만나지?"

하지만 그 내막을 누가 알 수 있을까? 지의류의 관계도 마찬가지다. 중요한 것은 '보는 관점에 따라 달라질 수 있는 관계'가 아니라 '함께하지 않으면 이런 삶의 형태도 가능하지 않다'는 사실이다.

광합성을 하려면 빛과 이산화탄소 이외에 물과 미네랄이 필요하다. 식물은 토양에서 이를 흡수한다. 그렇다면 나무 껍데기나 돌 위에 사는 지의류는 물과 미네랄을 도대체 어떻게 구할까? 이 대목에서 곰팡이의 능력이 빛을 발한다. 바로 균사(팡이실)를 길게 뻗어서 물과 미네랄을 열심히 구해 오는 것이다. 이 덕분에 조류는 땅에 뿌리를 박지 않고도 광합성을 할 수 있다. 그리고 그 보답으로 광합성으로 만든 당분을 곰팡이에게 나누어 준다. 지의류가 보여 주는 만남은 연리지보다 훨씬 애틋해 보인다. 다른 생명체를 자기 안에 품고 있기 때문이다. 생각해 보면 누군가의 사랑을 받는다는 것은 그 사람의 마음속으로 들어가 있는 것이다. 이 역시 일종의 '정신적 감염'이라고 말한다면 지나친 비약일까?

피터 래빗 그림에 미생물이 산다

베아트릭스 포터Beatrix Potter, 1866~1943는 전 세계적으로 유명한 그림 피터 래빗Peter Rabbit을 탄생시킨 영국 작가다. 그녀는 작

베아트릭스 포터

은 시골 농장과 숲속 등을 배경으로 주인공 토끼와 친구들의 일상을 손수 그린 그림과 곁들여 재밌게 들려준다.

원래 그녀는 동화 작가가 아니라 과학자였다. 식물에 관심이 많았던 포터는 뛰어난 관찰력 덕분에 보통 사람들이 놓치는 것을 보고 말았다. 언뜻 이끼처럼 보이는데, 아무리 관찰하고 관찰해도 하나의 생명체가 아닌 것 같은 그것. 1897년 마침내 그녀는 서로 다른 두 종이 얽혀 있는 것이 지의류라는 주장이 담긴 논문을 '린네 학회*'에 보냈다. 그리고 이것이 그녀의 인생을 송두리째 바꾸어 놓았다.

당시 사회는 물론이고 과학계도 남성 우월주의가 팽배했던 까닭에 포터의 논문은 저자가 여성이라는 이유만으로 학회에서 외면당했다. 다행히 생각이 열린 한 남성 학자가 대신 발표했지만, 논문의 내용이 보수적인 남성 학자들의 눈살을 찌푸리게 했다. 그들은

• 식물분류학의 기초를 정립한 칼 린네의 업적을 계승하기 위해 1778년에 설립된 학회로, 지금까지 그 권위가 이어지고 있다.

이종異種이 서로 얽혀 있다니 어떻게 그렇게 불경스러운 말을, 그것
도 젊은 여자가 할 수 있느냐고 포터를 꾸짖고 조롱했다. 마음에 큰
상처를 입은 포터는 이내 식물 연구를 접었다. 하지만 그렇게 무너
지지는 않았다. 전혀 다른 분야에서 자신의 재능을 발휘했던 것이
다. 1901년 그녀는 '피터 래빗'을 세상에 선보였고, 시쳇말로 '대박'
을 터뜨렸다.

피터 래빗은 지금도 전 세계적으로 인기를 누리고 있다. 이제
이 유명한 토끼는 그림책 밖으로 나와 각종 문구와 일상 팬시용품
의 단골 캐릭터로 자리를 잡았다. 여러분도 피터 래빗 그림을 볼 기
회가 있을 때, 주변 배경을 세심하게 관찰해 보기 바란다. 자세히
보면 나무나 돌에 푸릇푸릇한 색칠이 입혀져 있을 것이다. 바로 지
의류다. 포터는 자신의 못 다 이룬 꿈을 동화 속에서 펼치고 있다.

베아트릭스 포터의 그림들

멋지다! 1997년 린네 학회는 과거 학회가 저지른 과오를 인정하고, 하늘에 있는 포터에게 정중히 사과했다. 비록 100년이라는 긴 시간이 걸렸지만 다행스러운 일이다. 그런데 어찌 보면, 과학자에서 작가로 강제 전향됨으로써 포터는 인류에게 더 큰 혜택을 준 것 같기도 하다.

1 더하기 1은 2가 아니다

한자 '地衣類(지의류)'를 우리말로 그대로 옮기면 '땅 옷'이다. 그 이름에 걸맞게 지의류는 열대와 온대는 물론이고 고산 지대부터 남북극에 이르기까지 지구의 모든 땅을 덮고 있다. 툰드라* 지역의 순록과 같은 초식 동물은 주로 지의류를 먹고 산다. 지의류는 인간에게도 유용한 생명체다. 고산 지대에 서식하는 나무의 줄기와 가지에 실타래처럼 주렁주렁 늘어져 자라는 지의류 송라松蘿(소나무겨우살이)는 한방에서 오래 전부터 귀한 약재로 쓰여 왔다. 수소 이온 농도pH의 지수 변화를 알려 주는 리트머스 용지에 들어가는 염료도 지의류에서 추출한다. 그리고 깊은 산 속의 바위나 절벽에

---

* 스칸디나비아반도 북부에서부터 시베리아 북부, 알래스카 및 캐나다 북부에 걸쳐 북극해 연안에 분포하는 넓은 벌판을 가리킨다. 연중 대부분은 눈과 얼음으로 덮여 있으나 짧은 여름 동안에 지표의 일부가 녹아서 이끼와 지의류가 자라며, 순록 유목이 행해진다.

실타래처럼 주렁주렁 늘어져 자라는 송라. 나무의 몸통과 가지에도 많은 지의류가 보인다.

자라서 '돌의 귀'라는 뜻을 지닌 고급 식재료, 바로 석이石耳버섯도 지의류다.

남극에는 식물이 없다. 춥고 매우 건조하며, 강력한 자외선이 내리쬐는 척박한 환경에서는 그 어떤 식물도 살 수 없기 때문이다. 하지만 이곳에서도 지의류는 번성하고 있다. 약 10년 전에 지의류의 끈질긴 생명력을 여실히 보여 주는 실험 결과가 나왔다. 2008년 유럽우주국European Space Agency, ESA은 세균, 곰팡이, 지의류, 씨앗 등 생명력이 강하기로 유명한 생명체들을 우주 정거장에 올려 보냈다. 이들은 우주 정거장 밖으로 나가 약 1년 반 동안이나 우주선*에 그대로 노출되었다가 지구로 귀환했다. 생존율이 가장 높은 것은 단연코 지의류였다. 그러고 보니 "1+1은 꼭 2가 아니야"라는 말은 지의류를 두고 하는 말인 것 같다. 지의류가 보여 주는 상승 효과는 차원이 다르기 때문이다.

모든 것을 품는 지의류

그런데 놀랍게도 이토록 강인한 생명체가 의외의 것에 굉장히 취약하다. 대기 오염에는 맥을 못 춘다. 등하교 또는 출퇴근길에 주변의 나무와 담벼락, 돌 등을 유심히 살펴보기 바란다. 대로변에 가까워질수록 지의류를 찾아 볼 수 없을 것이다. 반대로 학교 캠퍼스나 아파트 단지 안으로 들어가면 지의류를 만날 수 있다. 깊은 산속에 가면 훨씬 더 크고 다양한 지의류가 즐비하다. 지의류가 적거나 아예 없다는 것은 그만큼 대기가 나쁘다는 얘기다. 실제로 지의류는 대기 오염을 측정하는 '지표종指標種'으로도 쓰인다.

그토록 강인한 이들이 대기 오염에는 왜 이렇게 허무하게 무너져 버릴까? 아이러니하게도 강인함을 준 바로 그 포용성 때문이다.

• 宇宙線. 우주에서 지구로 쏟아지는 높은 에너지의 미립자와 방사선 등을 총칭한다.

지의류는 기본적으로 외부에서 들어오는 물질을 웬만하면 다 받아들인다. 척박한 환경에서는 이것저것 가리며 살아갈 수 없다. 그래서 지의류는 대기 중에 있는 것을 거의 모두 받아들인다. 공해 물질까지도 말이다. 이 대목에서 마음이 짠해진다. 주변의 모든 것을 믿고 그대로 받아 주면 손해를 보는 안타까운 경우가 인간 사회에만 있는 줄 알았기 때문이다.

나는 미생물과 사이좋게 살고 싶다

"세포들이 모여 조직과 기관을 이루며 생존에 필요한 구조적 · 기능적 특징을 갖춘, 분리할 수 없는 독립된 하나의 생명체."

생물학에서 말하는 개체의 정의다. 개체를 뜻하는 영어 단어 'individual'에는 이런 의미가 그대로 담겨 있다. '분리할 수 있다'는 뜻을 가진 'dividual'에 부정 접두사 'in'이 붙어서 '나뉠 수 또는 나눌 수 없는 것', 즉 개체가 되었으니 말이다. 결국 개체에는 더 이상 잘리면 어느 한 쪽이 죽게 되는 생존의 마지막 단위라는 생물학적 개념이 담겨 있다. 그런데 현미경으로 보면, 우리가 하나의 개체로 여겨왔던 생명체 거의 모두가 사실은 그렇지 않게 보인다. 여기서 그들의 관계를 알게 되면 생물학적 개체의 참모습을 보게 된다.

내 속엔 미생물이 너무도 많아

영화에도 심심찮게 등장하는 흰개미는 나무 먹기 선수다. 하지만 정작 이들은 먹은 목재를 소화할 능력이 없다. 일부 흰개미는 나무에 터널을 뚫고, 거기에다 곰팡이를 키워 먹기도 한다. 목재의 주성분인 섬유소 분해는 고스란히 흰개미 창자에 사는 여러 미생물의 몫이다.

1933년에 호주의 생물학자 서덜랜드Jean L. Sutherland, 1926~2010가 흰개미의 창자에 살며 목재를 먹는 털북숭이 원생동물을 발견했다. 그리고는 '털'을 뜻하는 라틴어 'tricha'에 '섞여 있다'는 의미의 접두사 'mixo'를 붙여 믹소트리카Mixotricha라는 이름을 붙였다. 언뜻 섬모*처럼 보이지만, 사실 이 털 모양 하나하나가 모두 개별 세균이다(268쪽 그림 참조). 스피로헤타Spirochete라고 하는 이 세균은 마치 뱀처럼 꿈틀거린다. 이들이 함께 움직이면 믹소트리카도 자연스럽게 추진력을 얻는다. 마치 수많은 노잡이들이 커다란 배를 움직이는 것과 같은 이치다. 이게 다가 아니다. 믹소트리카도 섬유질을 소화시키지 못한다. 이 단세포 원생동물의 경우에도 섬유질 소화는 세포 안에 있는 여러 세균들 몫이다.

믹소트리카는 세포 밖에서 약 25000마리의 노 젓는 세균을, 세

• 세포의 표면에 돋아나 있는 가는 실 모양의 구조. 짚신벌레와 같은 원생동물이나 포유류 기관지의 상피 세포 따위에 있으며, 운동 능력을 지닌 세포의 한 부분이다.

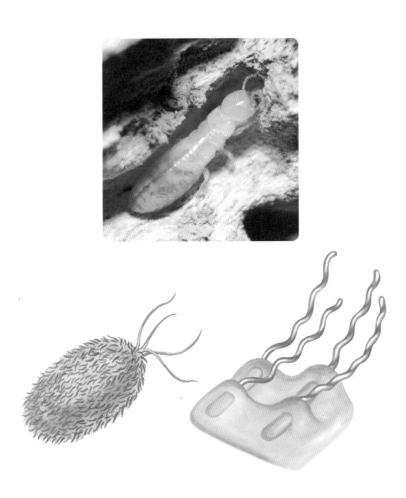

나무를 먹고 사는 흰개미(위)와 흰개미의 창자에서 목재를 분해해서 먹고 사는 원생동물 믹소트리카(아래 왼쪽), 그리고 믹소트리카의 몸에 털처럼 붙어사는 세균 스피로헤타(아래 오른쪽)

포 안에서 다수의 세균 요리사를 부리고 있는 셈이다. 이런 호사스러움 때문인지 믹소트리카는 자신의 편모를 추진 모터가 아니라 방향키로 사용한다. 세포 내 상황은 더욱 놀랍다. 에너지 공장인 미토콘드리아를 아예 잃어버렸으니 말이다. 그렇다고 이 원생동물이 착취를 일삼는 악덕 고용주라고 생각하면 큰 오산이다. 이 모든 세균에게 거처를 제공하고 먹을 것을 나누어 준다. 한마디로 노동에 대한 정당한 대가를 지불한다.

믹소트리카는 흰개미의 창자에 사는 수백 종의 미생물 가운데 하나일 뿐이다. 흰개미는 믹소트리카를 포함해서 이 모두를 거느리고 있는 소유주다. 물론 흰개미 역시 합당한 배려와 분배 원칙을 지킨다. 그 덕분에 자신의 삶을 영위할 수 있는 것이다. 이렇게 간명한 원칙이 준수됨으로써 수많은 삶이 평화롭게 어우러질 수 있다는 사실은 각박한 현실을 살아가는 우리에게 큰 울림을 준다.

모든 시작점에 미생물이 있다

인간이 수심 수천 미터가 넘는 심해저*를 탐사하기 전까지 깊은 바다 속에는 생물이 거의 없을 거라 생각했다. 태양 빛이 전혀

• 수심 2000미터 이상의 깊은 해저를 말하며, 해양 넓이의 약 76퍼센트를 차지한다.

관벌레

미치지 않아 광합성으로 양분을 만들 수 없다고 생각했기 때문이었다. 1977년 처음으로 약 3000미터 깊이에 있는 갈라파고스 단층에 도달한 잠수정이 놀라운 광경을 포착했다. 위쪽에 빨간 잎이 달린 나무와 같은 생명체들이 열수구 주변에 흐드러져 있었기 때문이다. 더욱 놀라운 사실은 이들이 식물이 아니라 동물이라는 것이다.

관벌레tubeworm는 심해 열수구 주변에 서식하는 무척추동물이다. 유충 시절에는 자유롭게 헤엄을 치며 독립생활을 한다. 다 자란 관벌레는 2미터가 넘는 길이에 몸통 지름이 5센티미터 정도인데, 어릴 적 천방지축 모습은 온데간데없고 한 곳에 딱 붙어서 이른바 고착생활을 한다. 겉모습만 보면 하얀 고무관 위에 붉은 색 깃털이 달린 것 같다. 성장하면서 도대체 무슨 일이 있었던 것일까?

어느 정도 자라면 관벌레 유생은 운동성이 떨어진다. 이즈음에 아주 작은 친구들이 관벌레의 몸속으로 들어온다. 황세균(254쪽 참조)이 바로 그 주인공이다. 관벌레는 새 친구를 만나면서 관벌레의 몸에 놀라운 변화가 오기 시작한다. 소화관이 커지면서 '트로포솜trophosome'이라는 독특한 기관으로 재편성된다. 하얀색 고무관 같은 몸통을 이루는 이 기관 안에 황세균이 가득 들어 차는 것이다. 황세균은 관벌레 몸무게의 절반 정도를 차지한다.

빨간색 깃털 모양은 관벌레의 아가미인데, 헤모글로빈 때문에 붉게 보인다. 관벌레는 입과 항문, 소화 및 배설 기관 등이 따로 없고, 헤모글로빈이 오가는 혈관 정도만 가지고 있다. 그리고 아가미를 통해 물에 녹아 있는 황화수소와 이산화탄소를 흡수하여 트로포솜으로 보낸다. 공생 황세균은 이를 이용하여 관벌레의 먹거리를 만든다. 흰개미와 믹소트리카처럼 상호의존적인 관계다.

결국 이 모든 것의 시작점에는 햇빛 대신 황화수소를 이용하여 번성하는 미생물(황세균 및 고세균)이 있다. 이들은 좀 더 큰 생물의 먹이가 되어 먹이 사슬의 기본을 형성함으로써, 관벌레와 조개, 새우 등 다양한 생물이 살아갈 수 있는 낙원을 제공한다. 땅 위에서 녹색 식물이 하는 역할을 암흑의 심해에서는 특별한 미생물들이 수행하고 있는 것이다.

공생의 길을 개척한 미토콘드리아

미토콘드리아mitochondria는 생명 활동에 필요한 에너지를 만들어내는 세포내 발전소다. 앞서 소개한 믹소트리카와 같은 극히 예외적인 생명체를 제외한 모든 진핵세포에는 미토콘드리아가 있다. 그런데 이 세포내 발전소의 모양과 특성이 심상치 않다. 미토콘드리아는 세포의 핵에 있는 유전물질과는 별도로, 자기만의 유전물질을 가지고 있을 뿐만 아니라 복제와 단백질 합성도 독립적으로 수행한다.

1967년, 미국의 생물학자 린 마굴리스가 미토콘드리아가 스파이로헤타와 비슷한 세균에서 유래했다는 혁신적인 생각을 내놓았다. 그녀에 따르면, 먼 옛날에 유산소 호흡을 하며 자유생활을 하던 세균이 다른 세포에게 잡아 먹혀 내부로 들어와 독립성을 거의 잃어버리고 자리를 잡으면서 현재 진핵세포(49쪽 그림 참조)가 탄생했다는 것이다. 발표 당시에는 냉소를 받았던 (특히 남성 과학자들로부터) 그녀의 '세포내공생설細胞內共生說, Endosymbiotic theory'은 세월이 흐르면서 이를 지지하는 증거가 많이 발견되어, 이제는 교과서에 실릴 정도로 널리 인정받고 있다. 미토콘드리아와 세균은 여러 면에서 닮은꼴이다. 일단 크기가 비슷하다. 그리고 미토콘드리아 리보솜ribosome은 세포질에 있는 것과 다르고, 세균의 것과 똑같다. 게다가 미토콘드리아와 세균의 유전체가 유사한 것으로 밝혀졌다.

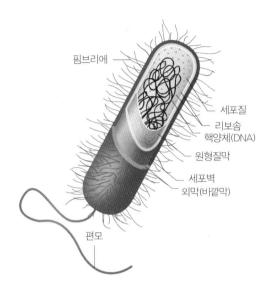

핌브리에

세포질
리보솜
핵양체(DNA)
원형질막
세포벽
외막(바깥막)

편모

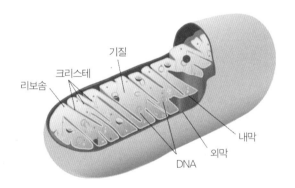

기질
크리스테
리보솜

내막
외막
DNA

〈세균의 원핵세포(위)와 미토콘드리아(아래)〉

마굴리스의 이론에 대해 우리나라의 철학자 김동규는 "포식자 내부에서 공생의 길을 개척하는 모습이야말로 미토콘드리아에게 배워야 할 지혜"라는 통찰력 있는 설명을 내놓았다(자세한 내용은 그의 책 『멜랑콜리아』를 참조하자). 먹잇감 입장에서는 포식자의 내부라는 엄혹한 환경에서 살아남으려고 발버둥을 쳤을 것이고, 반대로 포식자는 이 먹잇감을 소화시키려고 갖은 애를 썼을 터인데, 결국 이 둘은 새로운 공존의 기술을 터득했고, 진화의 신기원을 이루어 내었다는 점을 강조하면서 말이다. 이 철학자의 생각을 접하고 나니, 살아있는 모든 개체는 혼자가 아니라 미지의 다수가 우연히 만나 장구한 생명의 역사 속에서 절묘한 조화를 이루며 살아가는 '공생체'라는 생각이 든다.

나는 미생물에게 공생을 배운다

사실 공생과 경쟁을 서로 대립되는 개념으로 생각하는 이들이 많다. 그러나 그렇지 않다. 한마디로 부대끼며 같이 사는 게 공생이다. 좀 더 전문적으로 말하면, 공생이란 서식지(공간)와 먹이(물질)를 공유하는 것이다. 이런 과정에서 서로 돕기도 하지만, 때로 해를 끼치기도 한다. 인간이 사는 사회도 그렇지 않은가? 함께 살다보면 좋을 때도 있지만 나쁠 때도 있다. 결국 서로에게 이익을 주는 관계

뿐만 아니라 경쟁과 포식, 기생 등도 모두 다 공생의 한 형태인 것이다.

2015년 독일의 한 연구진이 흥미로운 논문을 발표했다. 아시네토박터*Acinetobacter*는 흙에서 흔히 발견되는 세균인데, 연구진들이 아시네토박터에 돌연변이를 일으켜 각각 다른 아미노산의 생산 능력을 없애 버렸다. 그러고 나서 얄궂게도 대장균과 함께 이들이 만들 수 없는 아미노산을 뺀 배양액에 넣고 지켜보았다. 우리에게는 호기심 천국이지만, 불의의 장애를 입은 세균들 입장에서는 죽음이 기다리는 지옥 전차에 떨어진 셈이다.

그런데 놀라운 일이 벌어졌다. 두 세균 모두 꿋꿋하게 자라는 것이 아닌가! 최첨단 현미경으로 들여다보니 믿지 못할 광경이 눈앞에 펼쳐졌다. 대장균이 자기 몸 길이만한 가는 관을 만들어 아시네토박터 세균을 붙들고 있었다. 그리고 이 나노튜브nanotube가 두 세균의 세포벽을 관통하여 서로 필요로 하는 아미노산을 주고받는 통로 역할을 한다는 사실이 밝혀졌다. 달라진 환경에 맞추어, 따로 또 같이 살아가는 절묘한 공생의 기술이다.

우리 인간은 무한 경쟁 사회에서 살아간다. 그 속에서 우리가 잘 살아가려면 타인의 노력을 존중해 주고 타인보다 잘하는 것이 있다면 그 능력을 나누어 서로를 돕는, 그런 삶의 지혜가 필요하다. 나는 그렇게 공생하며 사는 법을 미생물에게서 배운다.

22. 나는 미생물과 사이좋게 살고 싶다

감사의 말

미소微小의 매력에 빠져 미생물학에 입문한지 만 30년이 되었습니다. 제가 지금까지 미생물과 올곧은 인연을 이을 수 있었던 것은 여러 귀인들과의 만남 덕분입니다.

먼저 호기심과 의욕으로 충만해 좌충우돌하기만 했던 스무 살의 저를 샛길로 빠지지 않게 이끌어 주신 은사 김영민 선생님(현재 연세대학교 명예교수)께 고마움을 전합니다. 김영민 선생님을 만나지 못했다면, 이 책은 물론이고 지금의 저도 없었을 것입니다. 참으로 고마운 인연입니다.

저의 박사학위 지도교수에서 지금은 공동 연구자 사이로 발전한 미국 럿거스대학교의 거번 질스트라Gerben Zylstra 교수께도 "진심으로 고맙습니다Thanks from all my heart"라는 말을 전합니다.

재밌게 잘 가르쳐 보겠다는 일념으로 목청껏 떠들다보니 어느 덧 대학 강의실에서 스물한 번째 봄을 맞이합니다. 그동안 제 강의를 경청해 주고 시쳇말로 "아재 개그"에도 큰 웃음으로 화답해 준 학생들에게 갚아야 할 빚이 많습니다. 이 책에 소개한 비유와 예화 대부분은 그들과의 만남에서 비롯되었기 때문입니다. 앞으로 더 열심히 가르치는 것으로 그 빚을 조금이나마 탕감 받고자 합니다. 그래도 괜찮겠지요? 이 책도 그런 노력의 산물로 봐주십시오.

그리고 미생물 이야기 군데군데에 스며들어 있는 인문학적 향기의 출처는 생물학과 철학의 접점을 찾아보고자 함께 공부하고 있는 철학자 김동규 선생과의 만남에 있음을 밝힙니다. 생각이 통하는 을유문화사의 편집부 사람들과의 만남도 고마울 따름입니다.

이제 저는 기대와 긴장 속에서 독자들과의 만남을 기다립니다. 부디 "함께 사는 즐거움"을 조금이라도 느낄 수 있는 만남이기를 기원합니다.

2018년 4월의 어느 날
김응빈

참고 문헌

도서

김동규, 『멜랑콜리아』, 문학동네, 2014.

김응빈, 「생명은 판도라다(2판)」 원더북스, 2017.

김응빈, 이준행, 장수철, 『핵심생명과학』, 바이오사이언스, 2013.

한국미생물학회, 『미생물학』, 범문에듀케이션, 2017.

Dubos, R., 『*Pasteur and modern science*』, ASM Press. 1998.

Jackson, T., 『우주: 그림과 사진으로 보는 천문학의 역사』, 김응빈 옮김, 원더 북스, 2015.

Jackson, T., 『철학: 그림과 사진으로 보는 철학의 역사』, 김응빈 옮김, 원더북 스, 2017.

Sherman, I. W., 『*Twelve diseases that changed our world*』, ASM Press, 2007.

Tortora, G.J., Funke, B.R., and Case, C.L., 『토토라 미생물학』, 김응빈, 강범 식, 노영태, 조은희, 황은주 옮김, 바이오사이언스, 2014.

논문

송영구, 「전염병의 역사는 '진행 중'」, 『대한내과학회지』, 68:127~129, 2005.

여인석, 「학질에서 말라리아로: 한국 근대 말라리아의 역사(1876~1945)」, 『의사학』, 20:53~82, 2011.

Barry S.F., Benson, R.F., & Besser, R.E. 「Legionella and legionnaires' disease: 25 years of investigation」, 『Clinical Microbiology Reviews』, 15:506~526, 2002.

Burcelin, R. 「Gut microbiota and immune crosstalk in metabolic disease」, 『Molecular Metabolism』, 5:771~781, 2016.

Das, S.K. & Singh, D. 「Chroococcidiopsis, a cryptoendolithic cyanobacterium from Larsemann hills, east antarctica」, 『Nelumbo.』, 59:105~109, 2017.

Dolle, L., Tran, H.Q., Etienne-Mesmin, L., & Chassaing, B. 「Policing of gut microbiota by the adaptive immune system」, 『BMC Medicine』, 14:27, 2016.

Dublanchet, A. and Bourne, S. 「The epic of phage therapy」, 『Canadian Journal of Infectious Diseases and Medical Microbiology』, 18: 15~18, 2007.

Funkhouser, L.J. and Bordenstein, S.R. 「Mom knows best: the universality of maternal microbial transmission」, 『PLOS Biology』, 11:e1001631, 2013.

Gest, H., 「The Discovery of microorganisms revisited」, 『ASM News』, 70:269~274, 2004.

Gray, M.W. 「Lynn Margulis and the endosymbiont hypothesis: 50 years later」, 『Molecular Biology of the Cell』, 28:1285~1287, 2017.

Ibrahim, M.A., Griko, N., Junker, M., and Bulla, L.A., 「Bacillus thuringiensis A genomics and proteomics perspective」, 『Bioengineered Bugs』, 1:31~50, 2010.

Kashefi, K. and Lovley, D.R., 「Extending the upper temperature limit for life」, 『Science』, 301:934, 2003.

Kaufmann, S.H. 「Paul Ehrlich: founder of chemotherapy」, 『Nature Reviews Drug Discovery』, 7:373, 2008.

Lupiani, B. and Reddy, M.R. 「The history of avian influenza」, 『Comparative Immunology, Microbiology and Infectious Diseases』, 32: 311~323, 2009.

McGuire, M.K. and McGuire, M.A. 「Human milk: mother nature's prototypical probiotic food?」, 『dvances in Nutrition』, 6:112~123, 2015.

Mulcahy, M.E. and McLoughlin, R.M. 「Host-bacterial crosstalk determines Staphylococcus aureus nasal colonization」, 『Trends in Microbiology』, 24:872~886, 2016.

Misra, S. and Mohanty D. 「Psychobiotics: A new approach for treating mental illness?」, 『Critical Reviews in Food Science and Nutrition』, 30:1~7, 2017.

Nagpal, R., Yadav, H., and Marotta F. 「Gut microbiota: the next-gen frontier in preventive and therapeutic medicine?」, 『Frontiers in Medicine』, 1:15, 2014.

Pande, S., Shitut, S., Freund, L., Westermann, M, Bertels, F., Colesie, C., Bischofs, I.B., and Kost, C. 「Metabolic cross-feeding via intercellular nanotubes among bacteria」, 『Nature Communications』, 6:6238, 2015.

Patra, J.K., Das, G., Paramithiotis, S., and Shin, H.S. 「Kimchi and other widely consumed traditional fermented foods of korea: a review」, 『Frontiers in Microbiology』, 7:1493, 2016.

Rodriguez, J.M. 「The origin of human milk bacteria: is there a bacterial entero-mammary pathway during late pregnancy and lactation?」, 『Advances in Nutrition』, 5:779~784, 2014.

Shukl, H.D. and Sharma, S.K. 「Clostridium botulinum: A bug with beauty and weapon」, 『Critical Reviews in Microbiology』, 31:11~18, 2005.

Strachan. D.P., 「Hay fever, hygiene, and household size」, 『BMJ』, 299: 1259~1260, 1989.

Tampa, M., Sarbu, I., Matei, C., Benea, V., and Georgescu, S.R., 「Brief history of syphilis」, 『Journal of Medicine and Life』, 7:4~10, 2014.

Tripp, H.J. 「The unique metabolism of SAR11 aquatic bacteria」, 『Journal of Microbiology』, 51:147~153, 2013.

Turta, O. and Rautava, S. 「Antibiotics, obesity and the link to microbes – what are we doing to our children?」, 『BMC Medicine』, 14:57, 2016.

Van Valen, L., 「A new evolutionary law」, 『Evolutionary Theory』, 1: 1~30, 1973.

온라인 자료

http://www.iksaeng.com/prescription/predong_One.jsp?prescription =c8y2g9w8 [동의보감처방: 인중황(人中黃)]

http://contents.history.go.kr/front/hm/view.do?treeId=010604&tabId =03&levelId=hm_112_0060(정약용의 종두설 – 우리역사넷 – 국사편찬위원회)

https://www.cdc.gov(미국 질병통제예방센터)

https://www.buzzfeed.com/azeenghorayshi/navy-phage-viruses-for-antibiotics-crisis?utm_term=.qja2bv7BB#.ep8qY8aBB(Her Husband Was Dying From A Superbug. She Turned To Sewer Viruses Collected By The Navy. BuzzFeed News. 2017.5.6).

이미지 출처

31쪽: ⓒ CDC

34쪽: ⓒ CDC

54쪽: ⓒ Julie6301 / Wikimedia Commons

57쪽 위: ⓒ Craig Pemberton / flickr

57쪽 가운데: ⓒ darkone / Wikimedia Commons

57쪽 아래: ⓒ Neuchâtel Herbarium / Wikimedia Commons

64쪽 위: ⓒ Petr Reischig / Wikimedia Commons

64쪽 아래: ⓒ James St. John / flickr

73쪽 위 왼쪽: ⓒ Ed Uthman / flickr

73쪽 위 오른쪽: ⓒ Vivien Rolfe / flickr

73쪽 아래 왼쪽: ⓒ Michael Wunderli / flickr

73쪽 아래 오른쪽: ⓒ CDC

75쪽: ⓒ AJC1 / flickr

77쪽: ⓒ CDC

80쪽: ⓒ Gregkato / Wikimedia Commons

91쪽 위: ⓒ RNDr. Josef Reischig, CSc. / Wikimedia Commons

91쪽 아래: ⓒ Materialscientist / Wikimedia Commons

233쪽 오른쪽: ⓒ Lyokoï 88 / Wikimedia Commons

234쪽 왼쪽: ⓒ 김유진 / Wikimedia Commons

235쪽 오른쪽: ⓒ Yulianna.x / Wikimedia Commons

236쪽 왼쪽: ⓒ Medmyco / Wikimedia Commons

236쪽 오른쪽: ⓒ Peter Highton / Wikimedia Commons

237쪽: ⓒ yeowatzup / flickr

242쪽 위: ⓒ Shimada, K. / Wikimedia Commons

242쪽 아래: ⓒ Hbarrison / Wikimedia Commons

244쪽: ⓒ Bruno Comby / Wikimedia Commons

258쪽: ⓒ Steve Parker / flickr

263쪽: ⓒ brewbooks / flickr

268쪽: ⓒ Katja Schulz / flickr

101쪽, 144쪽, 149쪽, 195쪽, 201쪽, 203쪽, 268쪽 : ⓒ 이다영

찾아보기